Montessori

몬테소리
기적의 육아

0-36개월

Charlotte Poussin

창의적 리더를 키운
부모들의 육아 시크릿

몬테소리 기적의 육아

0-36개월

샤를로트 푸생 지음

이진희 옮김

청어람Life

드디어 모든 것을 증명할 수 있는 책이 나왔습니다. 교육은 태어날 때부터 시작됩니다. 교육은 인간을 만드는 일이 아니라 스스로 자기를 구축하는 과정을 돕는 일입니다. 교육은 태어날 때부터 죽을 때까지 계속되는 인간의 모험입니다. 삶이라는 모험이지요.

이 책은 아주 단순한 현실을 보여줍니다. 아이들은 태어날 때부터 자신의 장점과 한계, 재능과 취향, 의지를 가진 온전한 개인이며 세상을 향해 나아갈 준비가 되어 있는 존재라는 사실 말이지요.

하지만 우리 모두 이 존재에게 도움이 필요하다는 사실을 잘 알고 있습니다. 그 도움이 적절하고 효과적일수록 우리 곁에 새로 온 소중한 존재는 조화롭고 행복하게 인간의 모험을 펼쳐나가는 법과 자신의 재능을 사용하는 법을 잘 배울 수 있습니다.

이 책은 오직 우리가 아이를 잘 도울 수 있도록 우리를 도와줄 것입니다. 독자 여러분께 완벽한 비법을 제시하는 책은 아닙니다. 하지만 이 책을 통해 여러분은 신뢰, 존중, 훌륭한 의지를 바탕으로 아이와 좋은 관계를 형성할 수 있는 법을 터득할 수 있을 것입니다.

아이에게는 세상을 탐험하고 발견하고자 하는 의지가 있고, 주변에 있는 모든 것을 다스리고자 하는 욕구가 있습니다. 주변을 탐색하고 싶어 하고, 특히 주변 사람들과 관계를 맺고 교류하기를 강렬히 원합니다. 이 책을 읽으면서 여러분은 아이의 이런 모습들을 있는 그대로 발견할 수 있습니다.

젊은 부모는 신비로운 수수께끼처럼 이해하기 어려운 아이 앞에서 때로는 어쩔 줄 몰라 당황하기도 하고, 심지어 두려움을 느끼기도 합니다. 이 책은 아이를 어떻게 관찰해야 하는지, 특히 우리 아이들이 지닌 엄청난 집중력을 어떻게 존중해야 하는지를 차근차근 알려드릴 거예요. 주변을 알아가는 일이 아이에게 얼마나 큰 도전인지 이해해야 합니다. 아이가 소리와 색깔을 식별하고, 뜨거운 것과 차가운 것, 단맛과 짠맛, 그 외 수천 가지의 지각을 구별하는 데는 엄청나게 치열한 노력이 필요합니다. 아이가 앞으로 살아가는 동안 그 정도로 강한 집중력을 발휘하는 일은 없을 거예요.

그러므로 우리 아이가 이토록 어려운 과제를 해내는 데 도움이 될 수 있도록 최선의 조건을 마련해주어야 합니다. 아이의 움직임, 즉 아이의 탐색 활동을 촉진하고 자극하는 환경을 아이 주변에 조성해주어야 합니다. 아이의 집중력을 흐트러뜨리고 주의를 산만하게 하는 활동이 너무 자주 있어서는 안 됩니다. 이 책은 우리에게 쉽고 유용한 조언을 제공하고, 나아가 우리 아이들을 더 잘 이해할 수 있도록 아이의 마음과 머릿속에서 어떤 일들이 벌어지고 있는지 명확하게 설명해줍니다.

아이는 자신의 몸과 감각을 발견하는 데만 그치지 않고 가장 놀랍고도 혼란스러운 발견을 하게 됩니다. 바로 자기 자신을 개별적인 존재로 인식하는 것이지요. 아이는 자신에게 '결정'을 내릴 수 있는 능력이 있다는 사실을 금방 깨닫습니다. 아이는 움직일지 말지, 무엇을 잡을지, 소리를 낼지 말지, 주변 사람들의 관심을 끌지 말지 선택할 수 있습니다. 결정은 곧 선택입니다. 자유롭게 움직이고 자유를 실천하는 것입니다. 그렇게 인간이 되는 것입니다.

어른의 역할은 신체적인 잉태에 이어 존재의 잉태를 돕는 것입니다. 이를 위해 아이를 관찰하는 법과 아이의 선택을 존중하는 법을 배워야 합니다. 아이가 새로운 선택을 하고, 자유를 실천하고 의식 있는 사람으로 자랄 기회를 다양하게 마련해주어야 합니다.

이 책은 교육에 대해 성찰하게 합니다. 마리아 몬테소리의 메시지는 단순한 하나의 교육법 그 이상입니다. 몬테소리 교육의 기본은 아이가 태어나서 보내는 몇 해 동안 집중적으로 아이를 관찰하는 데 있습니다. 아이가 세상, 타인, 특히 자기 자신을 발견해가는 과정에서 쏟는 노력을 존중해야 합니다. 플라톤의 『테아이테토스』에서 소크라테스는 이렇게 말했습니다.

"분명한 것은 그들이 나에게서 아무것도 배운 적이 없고, 그들 자신이 가지고 있는 것 중에서 아름다운 것들을 모두 스스로 찾아내고 출산했다는 사실이라네. (⋯) 우리는 그저 그들 곁에서 출산을 도운 산파에 불과했을 뿐이네."

몬테소리 교육의 아름다움은 이 오래된 철학적 교훈을 구체적이고 관찰할 수 있는 형태로 실현하는 것입니다. 이 책은 여러분이 소크라테스의 철학적 가르침을 실천하는 데 큰 도움이 될 것입니다.

프랑스몬테소리재단 이사장 및 국제몬테소리협회(AMI) 회장

앙드레 로베르프루아

감사의 말

나의 남편 스타니슬라스와 내 다섯 아이, 솔랑주, 장 바티스트, 잔, 셀레스틴, 막심. 고마워요. 2014년에 태어난 우리 막내 막심의 사진을 이 책에 많이 담게 되었네요. 막심이 태어난 후, 마리아 몬테소리의 저서에 다시 빠지게 되었습니다. 어린아이의 시각에서 몬테소리의 책을 다시 읽고 싶었지요. 탐독은 몬테소리 접근법을 영아와 함께 공유하고자 하는 열망과 동기로 이어졌습니다. 부모님께도 감사드립니다.

서문을 써주신 프랑스몬테소리재단 이사장이자 국제몬테소리협회 회장 앙드레 로베르프루아 님께도 감사 인사를 드립니다. 회장님의 비전, 확신, 너그러운 마음과 지지에 감사합니다.

이 책의 탄생을 지켜보고 그 과정에 참여한 모든 분께도 감사의 마음을 전합니다. 마리아몬테소리고등연구소의 파트리시아 스피넬리 님과 이자벨 세쇼 님, 오딜 아노 님, 셀린 알바레즈 님, 오로르 뫼링 님, 리디 르스트르 아비야드 님, 이오아나 바실레스퀴 벨렌저 님, 엘렌 드 세그래 님, 파트리시아 피터슨 퐁트네 님, 주마나 하멜 님, 미아 마잔티니 님, 욜랑드 이켈 님, 엘레나, 오드, 마리, 나디아, 크리스텔, 모두 고마워요.

저에게 문을 열어준 뢰이유말매종 이중언어몬테소리학교, 파리 뤽상부르 공원 몬테소리국제학교, 불로뉴 몬테소리 어린이 공원에도 감사의 마음을 표현하고 싶습니다.

마리아 몬테소리의 사진을 제공해준 국제몬테소리협회와 요카 베르휠 님, 자기의 사진을 선뜻 내어준 안 잔 에텡블레드 님, 마들린

베르게 님, 폴 베르탱 님 감사합니다.

이 책에 사진을 허락해준 알리스, 에보즈와 오노즈 쌍둥이, 아담, 이두아르, 트리스탕, 마르탱, 고마워요.

편집팀, 특히 그웨나엘레, 상드린, 안, 고맙습니다.

독자 여러분, 이 책을 선택해주셔서 감사합니다.

그리고 세상의 모든 아이에게 이 책을 바칩니다.

아이들은 우리의 미래입니다.

차례

"아이는 교육이 어떻게 이루어져야 하는지
우리에게 알려주는 유일한 안내자다."

들어가며

아 이는 전인적 인간입니다. 인격이 형성되는 생후 1,000일 동안은 생애 전체에 걸쳐 영향을 미치는 중요한 시기입니다. 인간의 토대가 만들어지는 3년 동안 일어나는 일은 우리가 의식적으로 기억할 수는 없지만, 무의식 속에 각인되지요. 따라서 이 시기의 영유아에게 가장 큰 관심을 쏟아야 합니다.

아이는 양질의 사랑과 관계를 바탕으로 자라게 됩니다. 이 책이 생후 3년의 중요성에 대한 일반적인 인식을 높이는 데 도움이 되기를 바랍니다. 교육을 인생을 돕는 일이라고 여겨야 합니다. 즉, 갓 태어난 연약한 아기가 살아남고 세상에 적응하고 조화롭게 성장하는 데 필요한 도움을 주는 일이 바로 교육이라고 할 수 있습니다.

교육은 누군가를 돕는 일이며 구제하는 일입니다. 그리고 이러한 도움은 조화를 잘 이루어야 합니다. 왜냐하면 모든 종류의 필요 없는 개입은 아이의 자연적인 발달과 균형을 해칠 수 있기 때문이지요. 어느 정도로 개입하는지 결정하는 것이 가장 중요합니다.

어떻게 하면 아이를 돕되 지나치지 않게 도울 수 있을까요? 저는 교육자이자 정신과 의사인 마리아 몬테소리 박사의 업적을 바탕으로 하여 이 책을 통해 그 가장 큰 질문에 대한 답을 찾고자 합니다. '탐험하는 부모'이자 2세부터 17세까지의 다섯 아이를 둔 엄마로서 제가 겪은 경험도 더해지겠지요. 그리고 저의 어린 시절도 영감을 주리라 생각합니다.

아이에게 좋은 조력자가 되기 위해서는 아이의 발달단계를 미리 알아놓는 것이 좋습니다. 신체적 발달단계도 물론 중요하지만, 특히 정신적 발달을 이해하는 것이 매우 중요합니다. 왜냐하면 영유아의 정신은 0세부터 만 3세 사이에 집중적으로 발달하기 때문이지요. 정신적 삶은 아이가 태어나는 순간부터, 심지어 그 이전부터 시작합니다.

> **"아이는 교육이 어떻게 이루어져야 하는지 우리에게 알려주는 유일한 안내자다."**
>
> 마리아 몬테소리, 『교육과 평화』

아이의 성격은 만 3세까지의 환경에 따라 형성돼요. 만약 이 시기의 아이에게서 나쁜 성격이 나타난다면 만 3세에서 6세 사이에 쉽게 고칠 수 있습니다. 만 7세에서 12세 사이에는 도덕적 양심이 발달하는데, 아이의 자주적인 의지가 잘 발달할수록 도덕적 양심도 잘 발달하지요.

마리아 몬테소리는 자신의 일화, 저서, 강연을 통해 아이를 존중하는 것이 중요하다는 메시지를 전하고자 했습니다. 그녀는 당시 사람들이 아이의 인생을 모조리 통제하고 개입하는 것과 말 잘 듣는 아이로 키우는 것을 중요하게 여긴다고 생각했기 때문입니다. 어른들은 아이가 넘치는 에너지를 주체하지 못해서 하는 즉흥적인 행동을 하지 못하게 막지요. 물론 그 누구보다 좋은 의도로 그렇게 하는 것이지만 말이지요. 몬테소리는 사람은 태어난 순간부터 이렇게 억압을 받는다고 생각했습니다. 그리고 바로 이 때문에 대부분의 부모와 아이가 끊임없이 줄다리기한다는 사실을 깨달았지요.

몬테소리는 이러한 사실을 널리 알리고자 강한 표현을 사용했습니다. 물론 아이가 적응하도록 하는 것도 중요하지만 성급하게 밀어붙이지 않아야 합니다. 아이는 연약한 새싹과도 같아서 평온하게 천천히 적응하는 것을 원하니까요. 그렇지 않으면 본래의 인격을 잃어버리거나 심각한 문제가 생길 수도 있습니다. 몬테소리는 이러한 현상을 '탈선'이라고 불렀습니다.

몬테소리는 어른이 아이를 잘 이해하지 못하고, 아이들이 자라면 자연과 더 동떨어지고 더 물질적인 환경과 틀에 들어가게끔 만들어야 한다고 생각하는 사실에 안타까움을 금치 못했습니다. 그녀는 **'아이를 보는 눈이 멀어버린 어른'**은 자기와는 다른 아이의 특징과 의도를 알아차리지 못한다고 말했습니다. 그래서 어른과 아이 사이에 갈등이 일어나고, 어른은 그 갈등으로 인해 피곤함을 느끼지만 결국 승리하지요.

반면에 아이는 좌절하고 상황을 이해하지 못하고, 심지어 상처를 받고 혼란스러워하기도 합니다. 어른은 아이의 발달 과정에 긍정적으로 참여하면서 느낄 수 있는 기쁨을 누리지 못하고 아이와 평화롭게 살아갈 기회를 잃어버립니다. 아이는 갈등을 겪으며 자존감을 잃게 됩니다. 그리고 이러한 열등감은 자신감을 낮추지요. 간혹 열등감으로 인해 삶을 남을 이기기 위한 도전이라고 여기는 아이도 있는 데, 이 경우 아이는 불안감과 걱정을 많이 느끼며 너그럽지 못하고 비협조적인 사람으로 자라게 됩니다.

마리아 몬테소리는 서로 대립하는 목소리를 짝을 지어 대조했습니다. 사랑, 일, 자율성, 협력의 목소리와 증오, 소유, 의존, 경쟁의 목소리가 서로 맞선다고 말했습니다.

> **"아이의 세상에서 이뤄지지 않았던 것 중 어른의 세상에서 실현되는 것은 아무것도 없다."**
>
> 마리아 몬테소리, 『교육과 평화』

따라서 아이를 존중하는 것은 아주 중요한 문제입니다. 왜냐하면 아이가 인성을 조화롭게 발달시키기에 적합한 환경에서 자란다면 아이는 정신이 더 건강하고, 자신감이 넘치고, 자율적이고, 창의적이고, 관대하고, 더 나은 세상에 대한 희망을 품는 더 나은 사람으로 자라기 때문이지요.

모든 아이는 열정과 사랑으로 가득 차 있고, 저마다 미래가 있습니다. 한 생명이 탄생할 때마다 인류에게 새 희망이 생기지요. 하지만 이 희망을 잃지 않으려면 우리는 아이가 가진 긍정의 힘을 지켜주어야 합니다.

교육은 평화로 가는 최선의 길입니다. 따라서 우리는 아이를 교육하는 어른으로서 중요한 임무를 다해야 합니다.

우리의 역할은 크게 세 가지로 요약할 수 있습니다.

★ 아이를 관찰하며 아이가 하는 행동을 포착하고 존중하고 이해해야 한다.

★ 아이가 실제 활동을 하고자 하는 욕구를 촉진하며 자립심을 키워주어야 한다. 또한 직접 돕지 않으면서 도움을 주고 개입의 적절한 기준을 지켜야 한다. 어린이는 스스로 하는 법을 배울 때, 도움을 받기보다는 차분히 혼자서 하기를 원하기 때문이다.

★ 아이는 관계에 매우 민감하므로 아이와의 관계에 항상 주의를 기울이고, 아이가 느끼는 바를 받아들여야 한다. 아이에게 무엇인가를 강제로 시키기보다는 아이와 협력해야 한다.

마리아 몬테소리는 진심으로 아동의 권리를 옹호했습니다. 교육자는 완벽을 추구하는 직업이 아닙니다. 교육자는 최선을 다해야 합니다. 우리에게는 아이들 한 명 한 명을 돕고, 이를 통해 전 인류가 나아지는 데 이바지해야 한다는 목표가 있다는 사실을 가슴에 새겨야 합니다.

목표를 달성하기 위한 비결이 있을까요?

그럼요. 가장 낮은 자세로 아이를 존중해야 한다는 생각을 하는 것만으로도 충분하답니다.

"어린이의 통역사
마리아 몬테소리"

1

마리아 몬테소리

마 리아 몬테소리(Maria Montessori, 1870~1952)는 1870년 8월
30일 이탈리아의 안코나에 위치한 키아라발레라는 작은 도
시에서 태어났습니다. 그녀는 공무원이었던 매우 엄격한 아버지와
연구가 집안 출신의 어머니 밑에서 외동딸로 자랐습니다. 딸에게 양
질의 교육을 제공해주고 싶었던 부모는 고민 끝에 그녀가 다섯 살이
되던 해에 로마로 이사했습니다.

유럽 최초의 여의사

몬테소리는 당시 남성에게만 열려 있던 의과대학에 진학하여 모든
이들의 반대에도 불구하고 학업을 이어갔습니다. 그녀는 특별 입학
허가를 받기 위해 반대에 맞서야 했고, 그렇게 투쟁의 길에 접어들
었습니다.

몬테소리는 자신의 끈기와 용기를 증명해냈습니다. 당시에는
젊은 여성이 남학생과 함께 해부학 수업을 듣는 것이 적절하지 못하
다고 여겼기 때문에, 그녀는 수업이 끝난 후 홀로 남아 해부 실습을
해야 하기도 했습니다. 1897년, 몬테소리는 이탈리아에서 여성으로
는 최초로 의학박사 학위를 받았습니다.

이후 그녀는 프랑스, 영국, 이탈리아를 오가며 생물학, 심리학,
철학을 공부했고, 로마에 있는 정신병원에서 지적장애가 있는 아이

들을 돌보게 되었습니다. 그녀는 지적장애아에게는 의료상의 도움보다 교육적인 도움이 더 필요하다고 생각했고, 많은 학회에서 지적장애아의 권리와 존엄성을 옹호했습니다. 그에 따라 이탈리아는 지적능력 발달을 위한 교육을 전문으로 하는 국립특수학교를 설립해 마리아 몬테소리에게 운영을 맡겼습니다. 그곳에서 그녀는 로마시의 장애아동 대부분을 돌봤습니다.

몬테소리는 지치지 않는 열정으로 아이들을 관찰하고 아이들의 발달을 위해 온 힘을 다했습니다. 그녀는 아이들이 더 존중받고 격려받아서 더욱 적극적으로 변하고 자신감을 키울 수 있기를 바랐습니다.

마리아 몬테소리는 18세기 프랑스에서 활동한 장 이타르(Jean Itard)와 그의 제자 에두아르 세갱(Édouard Seguin)이라는 두 의학자의 저술에 감명을 받았습니다.

장 이타르 박사는 아베롱의 숲속에서 발견된 유명한 야생아 빅토르를 교육한 것으로 이름을 알렸습니다. 발견 당시 열 살 정도로 추정된 빅토르는 그동안 고립된 환경에서 자랐기 때문에 인간의 특징을 전혀 습득하지 못한 채 동물처럼 살고 있었습니다. 빅토르의 이야기는 프랑스의 영화감독 프랑수아 트뤼포(François Truffaut)에게 영감을 주어서 1969년에 〈야생의 아이〉라는 영화로 제작되기도 했습니다. 장 이타르 박사의 제자 에두아르 세갱 박사는 장애아동을 위한 교구를 개발한 학자였습니다.

그들에게서 영감을 받은 몬테소리는 장애아동을 위한 프로그램을 만들어 자신이 돌보던 장애아동과 함께 이를 실행에 옮겨보았습니다. 아이들은 놀랄 만한 변화를 보였고 특히 쓰기와 읽기 능력이 향상되었습니다. 그중 일부 아동은 초등학교 6학년 수준의 시험을 치러 우수한 성적을 거두기도 했습니다.

이러한 성과는 그녀에게 새로운 발견이었습니다. 이에 힘입어 몬테소리는 일반아동의 올바른 발달을 방해하는 요소가 무엇인지 연구하고, 자신이 개발한 교구를 일반아동에게도 적용하기로 마음먹었습니다. 그리고 얼마 지나지 않아 그 기회가 찾아왔습니다.

최초의 어린이집

마리아 몬테소리는 로마대학교 교육학연구소에서 4년 동안 교수로 재임하며 인류학을 연구하고, 자신이 배운 내용을 교육에 접목하는 데 전념했습니다. 그러던 중 장애가 없는 일반아동을 위한 보육 시설을 만들 기회가 생겼습니다. 노동자들이 모여 사는 로마의 산 로렌초라는 동네의 방치된 어린이들을 맡아달라는 제안을 받았습니다.

1907년 1월, 몬테소리는 이곳에 최초의 '어린이집(Casa dei Bambini)'을 열었습니다. 그리고 어린이의 체격에 맞춘 가구도 만들었는데, 당시에는 매우 혁신적인 시도였습니다. 그녀는 보조교사 한 명과 함께 50명의 아이를 돌보며, 이전에 자신이 장애아동을 위해 개발했던 교구를 사용했습니다.

그녀는 자신이 아이들에게 맞춰 조성한 환경 속에서 아이들이 자발적으로 발달해가는 모습을 연구하는 자세로 지켜보았습니다. 몬테소리의 어린이집은 흡사 가족적인 분위기 속의 교육학 연구실 같았으며, 그곳에서 그녀는 어린이들을 관찰한 내용에 따라 교구를 적용하고 새로운 활동을 개발하기도 했습니다.

몬테소리는 아이들의 집중력과 자기 훈육 능력에 놀랐고, 실험과 긍정적인 발견을 다양하게 이어갔습니다. 그녀는 아이들에게는 정돈된 환경이 필요하며, 아이가 하고 싶은 활동을 스스로 선택하게 해야 한다는 사실을 깨달았습니다. 또한 아이들은 활동을 통해 활동이 원래 목적으로 한 것보다 더 많은 것을 추구하기 때문에 자신이 원하는 만큼 오랫동안 한 활동을 여러 차례 반복할 수 있게 해주는 것이 중요하다는 사실을 알게 되었습니다.

그녀는 꾸준히 새로운 교수법을 탐구하고 발견하여 이를 '과학'이라 칭했으며, 이 교육법은 지금의 '몬테소리 교수법'이 되었습니다. 몬테소리는 항상 자신이 발명한 것은 아무것도 없다고 주장했으며, 그저 '어린이의 통역사'처럼 아이들이 보여주는 행동과 모습을 관찰하는 것에 만족해했습니다.

또한 그녀는 아이들이 어린이집에서 익힌 새로운 습관과 질서를 집에서도 실천함으로써 빈민가 골목에 생기가 도는 모습을 지켜보았습니다. 아이들의 미소와 웃음소리가 주변을 변화시켰습니다.

몬테소리 학교의 확산과 명성

몬테소리가 돌본 아이들은 매우 놀랄 만큼 성장했기에 전 세계 언론에 소개되었습니다. 세계 각국에서 몰려온 사람들은 새로운 형태의 어린이집을 둘러보았습니다.

몬테소리는 로마의 다른 빈곤 지역에 두 번째 어린이집을 열었습니다. 이후 마리아 몬테소리의 명성은 전 세계로 퍼졌습니다. 그녀는 교육학, 아동, 아동발달에 대한 주제로 여러 저서를 집필했으며, 저서를 통해 자기학습의 필요성을 주장했습니다.

모두가 그녀의 비결을 궁금해했습니다. 몬테소리의 교육철학은 하나의 교수법이나 사고방식만이 아니었습니다. 1909년, 그녀는 열화와 같은 요청에 따라 자신의 교육철학을 전수하기 위해 만 3~6세 아동을 돌보는 교사를 대상으로 강연을 열었고, 이후 만 6~12세 아동의 교사를 위한 수업도 진행했습니다.

1913년부터는 국제 몬테소리 교원양성 프로그램을 운영했습니다. 이 프로그램의 목적은 몬테소리의 기본 원칙을 지키며 몬테소리 교수법을 세심하게 발전시키는 것이었습니다. 몬테소리 교원양성 프로그램의 핵심은 아이들을 바라보는 시각을 바꾸는 것이었으며, 이를 위해서는 교사에게 내적 변화와 겸손한 자세가 필요하다는 것이었습니다.

전 세계적으로 몬테소리 교사가 늘어남에 따라 몬테소리 학교 또한 세계 곳곳에 들어섰습니다. 그러나 몬테소리 교육의 확산세는 1914년 제1차 세계대전과 함께 멈추었습니다.

마리아 몬테소리는 미국 망명길에 올랐습니다. 미국에서는 그녀가 오기 전 몇 년 동안 이미 100여 곳의 몬테소리 학교가 운영되고 있었지요. 그녀는 유럽을 주기적으로 방문하여 교육운동의 제창에 참여했습니다.

제1차 세계대전의 종전과 함께 몬테소리는 다시 유럽으로 돌아왔고, 몬테소리의 교육으로부터 영감을 받은 수많은 교육기관이 문을 열었습니다. 마리아 몬테소리는 유럽 전역을 돌며 강연과 교사양성 과정을 진행하여 약 5,000명의 몬테소리 교사를 키워냈습니다.

그녀는 몬테소리 교육이 몇 가지 기본 원칙에 따라 잘 이루어지기를 소망했지요. 그래서 몬테소리 교육을 보전하고 널리 알리기 위해 국제몬테소리협회(Association Montessori International, AMI)를 창립했습니다. 지금도 국제몬테소리협회는 매우 활발히 활동하고 있으며, 국가별 몬테소리협회와 연계하여 운영되고 있습니다.

프랑스에는 프랑스몬테소리협회(AMF)가 있으며, 한국에는 공식적인 몬테소리협회는 없지만 AMI 공인 몬테소리교사 양성기관이 있습니다(몬테소리협회 및 관련 기관 연락처는 284쪽 참조).

이탈리아에 파시즘 정권이 들어서면서 전체주의적 분위기가 사회 전반에 퍼졌고, 이를 견디지 못한 마리아 몬테소리는 다시 망명을 결심합니다. 무솔리니는 몬테소리 교육을 칭송했지만, 그녀를 정치적으로 이용할 수 없다는 사실을 깨달았습니다.

무솔리니는 몬테소리 교육을 억압하고 몬테소리 학교를 폐쇄했습니다. 그로 인해 그녀는 스페인으로 이주했고, 이후 스페인에도 프랑코의 파시즘 정권이 들어서자 네덜란드로 떠났습니다.

1939년부터 1945년까지 이어진 제2차 세계대전을 피해 몬테소리는 다시 유럽을 떠나 인도 만드라스에 정착했습니다. 그녀는 그곳에 많은 몬테소리 학교를 설립하고 네루, 타고르, 간디 등 유명인사를 만나 친분을 쌓았습니다.

이 시기 동안 몬테소리는 태아가 엄마 배 안에서 자라는 태내기와 신생아에 대해 점점 더 많은 관심을 두게 되었지요. 그녀는 삶을 시작하는 순간부터 아이에게 평화의 씨를 뿌리면 평화의 싹이 더욱 잘 자라날 것이라고 주장했습니다. 어른과 아이의 관계뿐만 아니라 가족, 이웃, 학급에서 아이들이 맺는 관계가 아이가 성인이 되어 타인과 맺는 관계의 성격을 결정짓는다는 것이지요. 그러므로 생후 몇 년이 아주 중요합니다.

제2차 세계대전이 끝난 후, 마리아 몬테소리는 이탈리아로 돌아옵니다. 그녀는 이탈리아 정부의 요청을 받아 몬테소리 학교를 다시 세우고 교사양성에 힘썼습니다. 저서도 새로 편찬했고 전쟁 반대를 위한 숭고한 투쟁도 이어나갔습니다. 그녀는 자신의 저서 『교육과 평화』에서 "지속 가능한 평화를 이룩하는 것은 교육의 목표와 같다"라고 서술했습니다.

몬테소리는 1949년에서 1951년 사이에 노벨평화상 후보로 세 번이나 지명되었습니다. 유네스코에서도 그녀의 업적을 인정했으며, 프랑스 정부에서는 그녀에게 프랑스 최고 훈장인 레지옹 도뇌르를 수여했습니다.

이후 마리아 몬테소리는 네덜란드로 건너가서 아들 마리오 곁에 정착하고 가족을 꾸렸습니다. 그곳에서 세상을 떠나기 전까지 함께 살던 손자들을 관찰하며 영아에게 특히 많은 관심을 쏟았지요. 네덜란드로 오기 전 인도에서 오랫동안 영아를 관찰하기도 했습니다.

그녀는 자신의 두 조수였던 아델 코스타 뇨키(Adèle Costa Gnocchi)와 지아나 고비(Gianna Gobbi)와 함께 영아 발달에 도움이 되는 방법을 구상했습니다. 몬테소리는 그들과 협력하여 18개월 미만의 영아를 위한 공간을 마련했고 그곳을 '니도(nido, 이탈리아어로 둥지, 보금자리를 뜻함)'라고 불렀습니다. 그리고 18개월부터 만 3세 이하의 영유아를 위한 공간도 만들었으며, 이를 '영유아공동체(infant

community)'라고 칭했습니다.

마리아 몬테소리는 1952년 5월 6일, 향년 82세의 나이로 세상을 떠났습니다. 그녀의 발자취는 곧 새로운 교육운동이었으며 오늘날에도 전 세계에 많은 영향을 미치고 있습니다. 그녀의 아들인 마리오 몬테소리는 그녀의 뒤를 이어 1985년까지 국제몬테소리협회의 회장직을 맡았습니다.

마리아 몬테소리는 여성과 노동자의 지위 향상을 위해 투쟁하기도 했습니다. 그녀는 아이들의 변호인이었으며 아동이 노동하는 현실을 고발했습니다. 몬테소리는 시대를 앞서간 용감한 여성이지요. 2007년, 전 세계의 몬테소리 학교는 최초의 어린이집 탄생 100주년을 축하했습니다.

오늘날의 몬테소리

현재 전 세계 50여 개 나라에 3만 개 이상의 몬테소리 학교가 운영되고 있습니다. 그리고 몬테소리 교육에 영향을 받은 어린이집과 유치원은 셀 수 없이 많지요.

프랑스에는 150여 개의 몬테소리 학교가 있으며, 앞으로 새로 개설될 예정인 학교도 많습니다. 사실 이탈리아, 영국, 독일, 스칸디나비아 제국, 네덜란드와 같은 다른 유럽 국가에 비하면 아주 적은 편이랍니다. 이들 국가에서는 공적 지원을 받는 몬테소리 학교만 150여 개가 넘는다고 해요.

인도, 일본, 북미 지역에는 수천 개의 몬테소리 학교가 운영되고 있습니다. 그리고 수많은 가정에서도 일명 '엄마표', '아빠표' 교육 방법으로 몬테소리 교육법이 널리 이용되고 있답니다.

오늘날에는 뇌신경과학과 인지심리학 분야의 연구가 활발히 이루어지고 있는데, 마리아 몬테소리의 발견은 이러한 과학 분야에서도 인정받고 있습니다. 특히 미국 버지니아 대학 심리학과의 안젤린 스톨 릴라드(Angeline Stoll Lillard) 교수는 20년이 넘는 긴 세월에 걸쳐 몬테소리 교수법을 연구했습니다.

그녀는 2005년 출간한 자신의 저서 『몬테소리, 천재로 키우는 과학적 비결(Montessori, the Science Behind the Genius, 국내 미출간)』에서 몬테소리 원칙을 증명하는 과학적 연구 결과를 보여주었습니다.

프랑스의 뇌신경과학자이자 콜레주 드 프랑스의 인지심리학 교수인 스타니슬라스 드안(Stanislas Dehaene) 박사는 몬테소리 교육을 적용한 교실에서 진행된 실험에 큰 관심을 두었습니다. 이 실험은 프랑스 국립과학연구원(CNRS)에서 파리의 낙후지역에 있는 한 공립 어린이집을 대상으로 2011년부터 2014년까지 진행되었습니다. 그는 몬테소리 교실에 참여한 아동들에게 시험을 보게 했는데, 이 아이들은 논리 분야에서 전국 평균보다 높은 점수를 기록했습니다. 몬테소리 교육법을 이용한 실험이 효과적이었다는 것을 증명한 셈이지요.

이러한 실험을 통해 몬테소리 교육법의 효과를 확실하게 증명하기는 했지만, 몬테소리 교육법이 선행학습을 목표로 하는 것이 아니라는 사실을 잊지 말아야 합니다.

몬테소리 교육법의 목표는 아이들이 환경에 잘 적응하도록 하고 자신의 학습 욕구를 충족시키기 위해 자율적으로 행동하도록 하여, 결국 개인으로서, 그리고 공동체 구성원으로서도 아름답게 성장할 수 있도록 돕는 것입니다. 이러한 교육을 통해 모두에게 평등한 기회가 주어지는 사회 실현을 앞당길 수 있겠지요.

이건 꼭 명심하세요!

★ 마리아 몬테소리는 아이들을 위해 헌신한 선구자이자 구도자였습니다. 그녀는 우선 지적장애를 앓거나 경제적으로 소외되어 어려움을 겪는 어린이들을 돕기 위한 교육 시설을 만들었습니다. 이후 모든 어린이를 위해 자신의 인생을 다 바쳤습니다.

★ 몬테소리의 교육철학에 대해 특별히 부유한 아이들이나 똑똑한 아이들 혹은 가난한 아이들에게만 한정된 것이라는 선입견이 존재합니다. 그러나 몬테소리 교육은 모두를 위한 것이며, 아이들 한 명 한 명의 올바른 성장과 평화교육에 이바지합니다.

몬테소리 교육이 가정, 어린이집, 공립학교에서 다양하게 발전되기를 바랍니다. 모두에게 바람직한 교육법이니까요.

나시타몬테소리센터의 역사와 역할

오딜 아노(Odile Anot), 프랑스 노르 지역 나시타몬테소리센터 및 연구하는부모 네트워크 대표

마리아 몬테소리는 사람이 태어나면서 시작되는 삶의 모습에 대해 강한 관심을 보였습니다. 그녀는 0세에서 만 3세까지 기간의 중요성과 그 시기에만 나타나는 '고유한 특징'을 관찰할 수 있었습니다. 그녀는 보육교사뿐만 아니라 부모에게도 아이를 관찰하고 아이에 대해 고민하고 배울 수 있는 공간을 제공하고자 열심히 노력했습니다.

마리아 몬테소리의 정신을 이어받은 이탈리아의 교육학 잡지 《일 쿠아데르노 몬테소리(Il Quaderno Montessori)》에 따르면 "이 시기는 인생의 올바른 출발을 위해 매우 중요한 시기다. 단지 생물학적인 측면에서만 아이를 바라보는 것은 위험하다"[1]라고 합니다.

1946년, 몬테소리는 자신의 조수인 아델 코스타 뇨키에게 생후 6개월 이내 기간의 중요성을 알리는 프로젝트를 맡겼습니다. 그녀는 몬테소리의 최초 교원양성 프로그램(1909년)을 수료했으며, '가장 명민하고 열린 마음을 가진 몬테소리의 제자 중 한 명'이었습니다. 그녀는 영아를 보육했던 경험이 있었기 때문에 이 프로젝트에 매우 적극적으로 임했습니다.

뇨키는 아이의 탄생부터 부모-아이 관계를 중시하는 몬테소리영유아지원학교를 설립하고 영유아보육 전문인력을 배치했습니다. 몬테소리영유아

---

1 *Transmission des savoirs et épanouissement de l'enfant, Montessori: pourquoi pas? Grazzia Honegger Fresco*, 《Il Quaderno Montessori》, n° 39, éd 1995. (「지식 전수와 아이의 자아실현을 위한 몬테소리 교육」)

지원학교는 도움이 필요한 부모들을 고려하여 영아보육을 맡았지요. 그리고 아이가 태어날 때부터 전문가가 각 가정을 방문하여 아이를 관찰하면서 부모가 겪는 어려움의 원인이 무엇인지 찾고 조언해주는 지원 프로그램을 운영했습니다.

이러한 몬테소리 교육의 확산세에 힘입어 1947년 로마에 최초의 나시타몬테소리센터(Centre Nascita Montessori, CNM)가 문을 열었습니다. 나시타몬테소리센터는 특히 영유아의 보육환경을 책임지고 감독했습니다. 또한 보육교사와 부모에게 교육 프로그램을 제공하고 관련 분야의 학위를 소지한 보조교사가 이들을 도울 수 있도록 지원했습니다. 나시타몬테소리센터는 1963년 법인 자격을 취득한 이래로 지금까지 활발하게 운영되고 있습니다.

나시타센터의 탄생과 발전을 지켜본 대표적인 사람으로 그라치아 오네게르 프레스코(Grazia Honegger Fresco)를 손꼽을 수 있습니다. 그녀는 아델 코스타 뇨키의 제자로 조건 없는 열정과 사랑으로 아이들을 위해 평생을 바친 교육자였습니다. 프레스코는 이탈리아 북부지역의 교육기관에서 영유아 몬테소리 교육의 확산을 위해 애썼으며 교육학 잡지 《일 쿠아데르노 몬테소리》를 간행했습니다. 또한 프랑스몬테소리협회의 명예회원이기도 했습니다.

"아이는 엄마의 몸에서 바깥으로 나왔지만,
엄마와 분리된 것은 아니다."

2

0세에서
만 3세 사이의
아동발달

인간의 성장 과정을 그래프로 그려보면 곡선이나 직선이 아니라 계단 모양의 선을 그립니다. 마리아 몬테소리는 아이의 성장 시기를 네 가지로 구분하고 이를 '아동 발달단계(planes of development)'라고 불렀습니다.

★ 영유아기: 0~만 6세
★ 아동기: 만 6~12세
★ 청소년기: 만 12~18세
★ 청년기: 만 18~24세

성장단계가 바뀔 때마다 아이는 새로운 것들을 필요로 합니다. 이와 관련된 내용은 부모를 위한 몬테소리 교육법을 소개한 책 『몬테소리 기적의 육아: 만 3~6세』[2]에 설명되어 있습니다.

영유아기는 둘로 나눌 수 있는데, 이 책은 영유아기 중 첫 번째 시기인 영아기(0~만 3세)를 집중적으로 다룹니다. 성장단계 중 영아기는 아이의 인생 전체를 결정짓기 때문에 대단히 중요합니다. 사실 신생아는 태어날 때부터, 심지어 태어나기 전부터 정신적으로 강한 생명력을 지니고 있습니다. 일부는 이런 주장에 회의적이기도 합니다. 하지만 영아기의 정신 발달을 잘 이해하는 것은 아이의 미래를

---

2 Charlotte Poussin, *Apprends—moi à faire seul: la pédagogie Montessori expliquée aux parents*, Eyrolles, 2011. (『몬테소리 기적의 육아: 만 3~6세』, 국내 출간 예정)

위해 매우 중요합니다. 아이의 신체 발달만큼이나 정신적인 삶에도 더욱 주의를 기울일 수 있기 때문이지요. 그리고 이는 장기적으로 볼 때 아주 긍정적인 양육 태도라고 할 수 있지요.

영아기에 아이가 주변 사람과 맺는 관계의 질은 아이의 발달에 다음과 같은 영향을 미칩니다.

> **"아이는 엄마의 몸에서 바깥으로 나왔지만, 엄마와 분리된 것은 아니다."**
>
> 마리아 몬테소리, 『흡수하는 정신』

★ 아이가 세계와 맺을 관계에 심리적인 영향을 미친다.
★ 아이의 신체 발달에 신체적인 영향을 미친다.
★ 아이의 지능 발달에 정신적인 영향을 미친다.

아이는 엄마 배 속에서 10개월 동안 엄마와 밀접한 관계를 맺고 지냅니다. 그러다가 한순간 갑자기 태어나지요.

출생은 아이에게 환경의 변화를 의미합니다. 한 세상에서 다른 세상으로 이동하지요. 물속 세상에서 공기로 숨을 쉬는 바깥세상으로 나옵니다. 빛, 소리, 신체적인 접촉 등 전혀 느껴본 적 없는 새로운 감각을 경험합니다. 모든 것이 더 직접적이고 강렬하지요. 엄마의 배 안에서는 모든 것이 한 번 걸러지기 때문에 은밀하게 느껴집니다.

아이는 태어나는 순간부터 수동성을 어느 정도 벗어나게 됩니다. 이제 살기 위해 먹고 숨을 쉬어야 하므로 능동적인 자세가 필요하지요. 엄마의 몸을 통해 숨을 쉬고 영양분을 공급받는 시기는 이제 지났습니다. 더는 엄마와 '한 몸'이 아니게 된 것입니다.

그러나 마리아 몬테소리는 자신의 책 『흡수하는 정신』에서 "아이는 엄마의 몸에서 바깥으로 나왔지만, 엄마와 분리된 것은 아니다"[3]라고 서술했습니다. 아이가 인간이 되기 위해서는 수년의 시간이 필요합니다. 아이의 정체성은 만 3세쯤 '나', '저'라고 말할 수 있을 때까지 조금씩 형성됩니다. 그리고 만 3세에서 6세 사이에 자리를 잡지요. 인간은 그렇게 만들어지는 것입니다.

이제 갓 태어난 아기는 매우 연약하고 의존적인 존재예요. 하지만 이미 온전한 사람이며, 이제부터 인간으로 성장해야 한다는 임무를 지니지요. 아이는 자기 발달의 주체입니다. 다른 사람들과 주변 환경과 상호작용을 하며 끊임없이 배웁니다. 아이는 감각적인 경험을 통해 지능을 발달시키고 배웁니다. 그러면서 움직임, 언어, 감각, 지각을 형성하지요. 인간으로 완성되어가는 동시에 주변 환경과 시간의 모든 특징을 받아들이며 사회적 존재가 되어갑니다.

마리아 몬테소리는 다음과 같이 세 가지의 태아기를 제시했습니다.

---

3 Maria Montessori, *L'Esprit absorbant de l'enfant*, Desclée de Brouwer, 2003. (『흡수하는 정신』, 부글북스, 2018)

★ 출생 전 신체적 태아

★ 출생부터 만 3세까지 정신적 태아

★ 만 3세부터 6세까지 사회적 태아

몬테소리는 정신적인 자아 형성 시기는 탄생부터 만 3세까지이며, 이 시기가 아이의 올바른 성장을 위해 가장 중요하다고 주장했습니다. 이 시기 동안 뇌 속의 신경이 연결됩니다(시냅스 연결). 아이가 외부 세계와 상호작용을 할 때, 뇌세포에 미엘린(myelin)이 형성되며 시냅스 연결이 이루어지지요. 미엘린은 지질과 단백질로 이루어진 물질로, 전선의 피복처럼 뇌 속의 신경섬유를 가닥가닥 감쌉니다.

외부환경을 읽는 열쇠와도 같은 감각적 경험을 통해 아이의 뇌 속에는 외부 세계의 이미지가 각인됩니다. 이러한 시냅스 작용은 지능 형성의 기초가 됩니다. 따라서 이 시기에는 아이의 정신을 키우고 좌뇌와 우뇌 사이의 협응 관계를 자극해주는 것이 매우 중요합니다. 좌뇌는 언어, 논리, 수학, 분석, 섬세한 손놀림 등을 관장합니다. 우뇌는 표정, 신체 움직임, 근육 제어, 직관, 이미지, 그림, 노래 등에 관여합니다.

영아기는 아이의 유년 시절뿐만 아니라 성인이 된 후의 삶에도 지대한 영향을 미칩니다. 영아기는 양육이 까다로운 시기이기도 하지요. 부모는 아이를 사랑하고 아이가 잘 자라기를 바랍니다. 하지만 자신의 생활방식을 갓난아기에게 맞추는 데 어려움을 느끼곤 합니다.

　만 3세까지의 아이는 성인과는 매우 다른 신체 리듬을 갖고 있습니다. 그런데 어떤 부모들은 아기를 낳기 전처럼 잠을 자고 자기의 시간을 관리하기 위해 아기의 생체리듬을 자신의 생체리듬에 적응시키려고 애를 쓰기도 합니다.

　아기와 어른의 소통방식도 매우 다르지요. 아기는 표현하고자 하는 욕구가 더 큽니다. 그것도 자기만의 방식대로 말입니다. 부모는 이 세상 누구보다 아기를 가장 위하고 있음에도 아기가 무엇을 표현하는지 이해하는 데 어려움을 겪곤 합니다. 아기가 우리가 하는 말을 잘 이해하지 못한다는 사실은 모릅니다. 그래도 우리는 아기에게 말을 걸며 나름대로 소통하려고 합니다.

　우리의 부모는 우리가 아이를 키우는 데 좋은 본보기가 되어줄 수 있습니다. 그러나 오늘날에는 성인이 되면 대부분 부모와 떨어져 지냅니다. 그리고 우리의 생활방식도 많이 바뀌어서 양육 태도는 본능과는 조금 멀어졌지요.

　그렇지만 부모로서의 본능을 따르는 것이 바람직합니다. 특히 모성본능을 중요하게 여길 필요가 있습니다. 엄마로서의 본능을 따르면 아기가 무엇을 원하는지 이해할 수 있습니다. 엄마는 본능적으로 아기에게 보호막을 씌워주고 발달을 자연스럽게 도와줍니다. 모성본능을 따르면 아이의 언어를 해독하는 데 도움이 되고 아이를 존중하게 되며, 나아가 아이와 엄마의 관계가 더욱 좋아집니다.

영아기는 분명 쉽지 않은 시기입니다. 그러나 부모로서 몸과 마음을 다해 아이에게 사랑을 줄수록, 다시 말해 자신의 욕구보다 아이가 원하는 것에 더 집중하고 아이가 필요할 때 아이 곁에 있어 줄수록 아이는 부모와의 관계에서 더 큰 존재감을 느낄 거예요. 그러면 아이는 편안함을 느끼고, 이로써 부모와 아이 모두 기쁨과 만족을 느끼게 됩니다. 그리고 아이는 자기만의 속도로 바람직하게 발달할 수 있게 됩니다. 영아기는 기본적인 신뢰감이 생기는 시기입니다. 이 시기에 신뢰감이 잘 형성되면 아이는 오랫동안 심리적 균형을 잘 지킬 수 있습니다.

0세에서 3세까지의 발달단계

아이가 태어나서 만 3세가 될 때까지 어떤 발달단계를 거치는지 미리 알아두면 아이에게 더 좋은 동반자가 되어줄 수 있습니다. 아이의 인생 중 이 시기는 가장 많은 변화가 일어나지요.

이제부터 영아기의 발달단계를 간단하게 설명하겠습니다. 물론 기술이나 능력을 습득하는 구체적인 개월 수는 아이마다 다르며, 이 책에서 설명하는 내용은 일종의 지표에 불과하다는 점을 기억해주세요.

세상에 태어나는 날을 인생이 시작되는 첫날이라고 흔히 말합니다. 그렇지만 착상한 날부터 인생이 시작된다고 본다면, 그로부터 270일 동안 인생의 첫 번째 막이 펼쳐진다고 할 수 있지요.

많은 책이나 인터넷 사이트에서 자궁 속 생명체의 성장단계를 잘 보여주고 있습니다. 임신 개월 수가 지날수록 태아가 어떻게 성장하는지 알려줍니다. 이러한 정보 덕분에 아기라는 새 생명과 엄마 사이에 이미 형성된 관계가 더욱더 풍요로워집니다.

감각은 태내에서부터 발달합니다. 임신 2개월부터 후각이 발달하기 시작하고 임신 3개월부터 미각이 발달합니다. 임신 2개월에서 5개월 사이에 배 속의 아이는 엄마 배 속과 바깥세상의 소리를 들을 수 있게 됩니다. 임신 4개월부터는 낮과 밤을 가릴 수 있는 시각이 형성됩니다.

또한 엄마 배 안에서 자라는 동안 촉각도 발달합니다. 태아는 자궁 속에서 오감을 훈련합니다. 특히 촉각을 통해 엄마와 배 속의 아기는 서로를 느낄 수 있지요. 임신 4개월부터는 아기에게 닿도록 손바닥에 힘을 실어 배를 부드럽게 누르면, 아기가 손바닥이 닿는 쪽에서 몸을 웅크리며 반응합니다. 이러한 교감보다 더 감동적인 것은 없지요.

아기는 엄마의 배 안에서 자라는 동안에도 우리가 관심을 보이

면 벌써 민감하게 반응하기 시작합니다. 태아는 엄마가 느끼는 긴장감이나 행복감을 같이 느끼지요. 아기와 엄마는 마치 한 몸이 된 것처럼 지속적인 관계를 맺습니다. 아기는 우리가 보여주는 애정과 관심을 느끼지요. 아기는 평온하게 성장하기 위해 배 안에서부터 따뜻한 보살핌을 필요로 합니다. 어느샌가 태아는 엄마의 배 안에서부터 상호작용이 이루어지는 관계의 주체가 된답니다.

태아는 이렇게 엄마의 자궁 안에서 자신의 주변 사람, 특히 부모와 최초의 인간관계를 맺습니다. 모든 태아와 엄마는 분명히 관계를 맺고 있지만, 아기에게 엄마가 얼마나 더 많은 관심을 보이느냐에 따라 이 관계가 좀 더 끈끈해질 수도 느슨해질 수도 있습니다.

엄마가 태아에게 줄 수 있는 존재감은 조금씩 다릅니다. 아기가 배 안에서부터 맺는 첫 인간관계의 질이 아이의 올바른 발달을 결정 짓습니다. 그러므로 햅토노미 치료법의 일환인 손으로 배를 쓰다듬 는 행위는 부모와 아이 사이에 커지는 관계를 더욱더 풍요롭게 하는 데 훌륭한 방법이랍니다.

햅토노미란, 감성 치료를 연구하는 학문으로 애정을 담은 심리 적인 접촉이자 피부로 느낄 수 있는 접촉을 통해 관계를 만들어가는 행위입니다. 그리고 자궁 안에 있는 아기와 접촉하고 촉각을 통해 실 질적으로 태아와 소통할 수 있지요. 그렇게 함으로써 아이를 일방적 으로 끌고 가는 대신 아이를 인도하고, 돕고, 지지하는 관계를 태아 기부터 형성할 수 있게 됩니다.

'햅토노미(haptonomy)'는 '신체적·정서적 접촉'을 뜻하는 그리스 어 단어 '합토(hapto)'와 '규칙, 법'을 뜻하는 '노모(nomo)'에서 탄생한 용어입니다. 햅토노미는 네덜란드의 생명과학자 프란츠 펠트만(Frans Veldman)이 제2차 세계대전 이후 고안한 학문으로, 그는 자신의 저서 『햅토노미, 정서의 과학』[4]을 통해 대중에게 햅토노미의 개념을 소개 했습니다. 햅토노미 케어는 출산을 준비하는 과정을 넘어 출산 전부 터 아이와 부모 간의 유대와 애정을 발달시키는 접근법입니다.

---

4 Frans Veldman, *Haptonomie, science de l'affectivité*, Presses Universitaires de France, 2007. (『햅토 노미, 정서의 과학』, 국내 미출간)

감정 치유를 연구하는 학문, 햅토노미

국제햅토노미연구개발센터 (CIRDH)의 웹사이트에서 발췌한 내용입니다.

산모의 배를 정성스럽게 쓰다듬는 동안 아빠, 엄마, 아이 사이에는 정서적인 관계가 형성됩니다. 이러한 삼각관계는 부성과 모성을 키우고, 아이를 느끼면서 부모로서의 애착과 책임감을 키우는 데 도움이 됩니다. 이렇게 함으로써 아이가 태어나기 전부터 가족의 일원으로서 아이에게 자리를 마련해주고 가족 관계의 주도권을 가질 수 있게 합니다.

또한 부모는 아이의 신체적, 정신적, 정서적 발달을 지지해줄 수 있다는 자신감이 생깁니다. 즉, 아이의 자율성을 추구하는 교육적 관계의 기반을 이미 마련한 셈이랍니다.

(…) 아이는 이러한 애착 관계를 통해 태어나기 전부터 자아실현에 매우 중요한 개체성(individuality)과 안정감을 느끼게 됩니다. 햅토노미식 출산 준비는 단순한 기술이나 '행동'과 비교할 수 없습니다. 아이를 맞이하기 위한 준비과정이지요. 태아는 엄마의 배 속에 있는 동안, 그리고 세상에 태어날 때 부모의 지지와 애정과 도움을 받습니다.

(…) 햅토노미 케어는 단순히 출산을 준비하기 위한 과정만은 아닙니다. 그렇지만 자연주의 탄생과 출산을 돕는 효과도 있습니다. 사실 햅토노미 케어는 인간의 몸 전체를 고려한 것입니다. 사람의 정서, 즉 감성과 감정은 움직이는 신체를 통해 드러납니다. 특히 행복감과 자아의 온전함을 느낄 때, 실제로 근긴장(근육이 탄탄해지고 탄력이 생김)이 나타나며 출산을 돕기 위해 인대가 이완됩니다.

어떤 훈련이나 기법을 통해서도 이러한 신체 상태에 도달할 수는 없습니다. 안정적인 정서적 관계가 주는 해방감의 결과라고 할 수 있지요.

출산 전후에 아빠가 하는 핸토노미 케어가 중요한 세 가지 이유 --------------------

★ 아빠-엄마-아기의 정서적 삼각관계에서 아빠가 제자리를 바로 찾을 수 있어서 세 사람이 동등하게 만족감을 느낄 수 있다.

★ 아빠는 엄마에게 정서적인 의지가 된다. 임신과 출산을 겪는 동안 엄마를 지지하는 사람이 바로 아빠다.

★ 출산의 순간 아이가 외부 세계를 처음 만날 때, 아빠가 매우 중요한 역할을 할 수 있다. 만약 불가피한 상황으로 인해 출산할 때 아빠가 함께할 수 없다면, 엄마와 가까운 다른 사람이 이 역할을 대신해야 한다.

부모와 함께 햅토노미 케어를 실천한 아이는 더 유연한 마음가짐을 갖게 되는 경향이 있습니다. 타인에게 더 열려 있으며 관계를 맺는 것에 더 호의적입니다. 호기심이 많고 적극적이며, 주변의 모든 것에 대해 뛰어난 감수성을 보입니다. 햅토노미 케어를 통해 아이는 자기에 대한 확신, 자신감, 기본적인 안정감을 키우게 되고, 적응력이 뛰어나고 자율성이 강하고 침착한 사람으로 성장하게 됩니다.

출생

우리는 출산과 관련하여 산모에게 많은 관심을 쏟습니다. 하지만 아이도 비록 그 이상은 아닐지라도 엄마만큼 강렬한 경험을 한답니다. 주변 환경이 바뀌고 자신의 상태도 바뀌지요.

마리아 몬테소리는 갓난아기에게 출생은 혼란과 같다고 했습니다. 아이에게 출생은 급격한 변화입니다. 아주 짧은 시간 안에 고요한 환경에서 모든 것이 생생하게 느껴지는 환경으로 나오게 되고, 수동적인 자세에서 끊임없이 애를 써야 하는 상태로 바뀌기 때문입니다.

몬테소리는 아이가 태어나는 것을 '혹독한 변화'라고 말하며, 지구에서 달로 가는 모험에 비유했습니다. 그녀는 출생이 엄마보다 아이에게 더 힘든 단계이며, 아이가 태어나는 순간 엄마는 우선 아이의 처지에서 생각해야 한다고 주장했어요.

몬테소리는 아이의 처지에서 출생이 순조롭게 진행될 수 있도록 '전문적인 신생아 케어법'을 제대로 발전시키는 것이 어른의 역할이라고 말했습니다. 이를 위해서 우리는 우선 자신을 돌보려는 자기보호 본능과 맞서야 합니다. 물론 자기 자신을 완전히 잊어버리자는 것은 아니지만 말이지요.

그리고 출생 직후 신생아의 위생관리에 대해 생각하는 것도 중요합니다. 왜냐하면 신생아는 최대한 조심히 다루어야 하며, 가능한 한 손길을 최소화하는 게 좋기 때문입니다. 갓 태어난 아기는 몸무게를 재고 청진을 하는 것보다 더 많은 신체 접촉과 우유를 원합니다. 아이의 몸을 닦이고 모유나 분유를 먹여야 합니다. 많은 나라에서는 아기가 태어나자마자 바로 목욕을 시키지 않는데, 그렇게 하는 데는 다 그만한 이유가 있는 것이지요. 이 작은 아이가 다른 세상으로 평온하게 '넘어오는 과정'을 관심 있게 지켜보는 것이 우리 어른의 역할입니다.

출산이 진행되는 동안 엄마의 고통보다 아이와 이 아이가 필요로 하는 것, 아이가 겪는 일, 어쩌면 아이가 느낄지도 모르는 고통, 그리고 특히 아이가 세상에 나오기 위해 쏟는 노력에 집중한다면, 출산은 다른 차원의 이벤트가 될 것입니다.

그리고 이러한 심리적인 돌봄이 아이에게 미칠 긍정적인 영향에 대해 생각하다 보면 산모는 자기 자신과 고통에 대한 집중을 흩뜨리게 됩니다. 그래서 고통이 완화되기도 하지요. 이 책을 쓰는 저도 과

거에 직접 이런 경험을 했답니다.

　세상에 태어난 아기는 세상이 자신을 맞이하는 태도에 대해 매우 민감하게 반응합니다. 가능하다면 너무 서둘러서 탯줄을 자르지 않는 것이 좋습니다. 그리고 사랑으로 가득 찬 엄마의 심장 가까이에 서로의 피부가 맞닿도록 아기를 올려놓는 것이 이상적입니다. 갓난 아기는 한동안 빨기 반사작용을 합니다. 따라서 모유 수유를 할 계획이라면 태어난 직후에 바로 젖을 물리는 것이 가장 좋아요.

　아기를 부드럽게 다루면 상태 변화로 인한 충격을 줄일 수 있습니다. 빛과 소음을 약하게 하고 차분한 환경을 준비하는 것이 좋습니다. 아기는 엄마의 배 속을 완전히 벗어나지만, 그 속에 있는 기분을 계속 느낄 수 있도록 분만 장소를 누에고치처럼 안락하게 정돈하는 것도 좋아요. 기압이 다른 두 공간 사이에 감압실을 만들어놓는 것처럼, 아기가 세상에 나가기 전에 준비할 수 있도록 특별한 시간을 마련해줍니다. 그러면 출산이라는 변화는 최대한 평온하게 진행될 수 있지요. 아기가 기존의 세계와 갑자기 단절된 느낌을 받지 않도록 신경을 씁니다.

　햅토노미는 부모와 아이의 관계 속에서 이뤄지는 특별한 순간으로 출산을 경험하는 데 큰 도움이 됩니다. 출산하는 동안 호흡이나 분만법에 신경을 쓰는 대신, 아이와 이미 맺고 있는 관계에 온전히 몰두하는 것이지요.

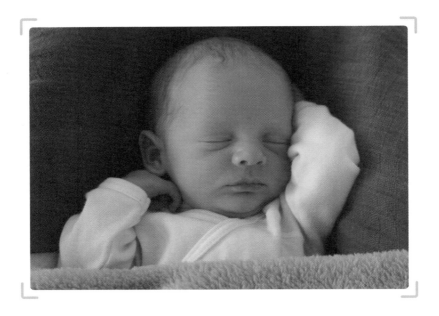

아이는 배 속에서부터 아빠–엄마–아이로 이루어진 삼각관계에
둘러싸여 있습니다. 아이가 태어나는 동안 엄마–아이의 긴밀한 관
계가 계속 유지되면 둘의 관계는 더욱더 깊어지고 넓어질 수 있습니
다. 세상 밖으로 나온 아기는 자기가 방금 겪은 급격한 변화 속에서
도 엄마의 체취를 맡고, 수천 명 사이에서도 구분할 수 있는 엄마의
심장 소리와 목소리를 듣고, 엄마의 피부를 느낍니다. 아기는 엄마와
의 접촉을 기준으로 삼아 자신의 자리를 찾아갑니다. 태어난 순간부
터 엄마의 체온, 모유, 엄마와의 접촉과 같은 여러 가지 긍정적인 경
험을 할 수 있게 해주면, 아이는 자신에게 주어진 새로운 생활방식을
신뢰할 수 있습니다.

아기가 태어나기 전 엄마와 아기는 분명히 한 몸이었습니다. 하

지만 아기가 태어난 후에도 엄마와 아기는 다른 방식으로 다시 한 몸이 될 수 있습니다. 엄마와 아이는 신체적으로 분리되지만 두 사람을 정신적으로 더 밀접하게 연결하는 새로운 유형의 애착 관계가 만들어진다고 할 수 있습니다. 이러한 연결고리는 아이에게 커다란 안정감을 주지요.

> **"탄생은 인간의 삶에서 가장 중요한 순간으로 여겨야 한다."**
>
> 마리아 몬테소리,
> 『1946년 런던 강연록』

마리아 몬테소리는 1946년 런던에서 열린 한 강연에서 신생아가 새로운 환경에 적응하는 것을 제대로 도울 수 있도록 산과 인력의 전문화가 필요하다고 목소리를 높였습니다. 그녀는 언제든지 새 생명을 더 잘 맞이할 수 있도록 심도 있는 준비가 필요하다고 조언했습니다. 왜냐하면 아기에게 필요한 것은 단순한 의료상의 도움에 그치지 않기 때문입니다. 위생도 중요한 문제지만 정신적인 돌봄도 그에 못지않게 필요하기 때문이지요. 몬테소리는 "탄생은 인간의 삶에서 가장 중요한 순간으로 여겨야 한다"[5]라고 말했습니다.

태어나는 것은 아기가 생애 처음으로 하는 이별입니다. 첫 이별을 잘 겪을수록 앞으로 살면서 겪어야 할 이별을 잘 견딜 수 있습

---

5 Maria Montessori, *The 1946 London Lectures*, Montessori—Pierson Publishing Company, 2012. (『1946년 런던 강연록』, 국내 미출간)

니다. 아이의 운명은 태어날 때 결정되지 않습니다. 태어나는 과정이 힘들다고 해서 '분리불안' 문제로 이어지는 것은 아닙니다.

하지만 아이가 태어날 때, 그리고 생후 며칠 동안 어떤 일이 발생하든지 간에 아이가 분리로 인해 느끼는 어려움과 혼란을 줄이기 위해 다양한 시도를 하는 것이 좋습니다. 아이가 엄마를 알아볼 수 있는 특징(목소리, 심장 소리, 체취 등)에 의지할 수 있도록 엄마와 아이가 떨어져 지내는 시간을 최대한 줄이는 것이 그 방법 중 하나겠지요. 물론 아이는 엄마의 목소리나 심장 소리가 배 속에 있었을 때와는 다르다고 느끼겠지만 같은 소리이고 같은 냄새이기 때문에 안도감을 느낍니다.

"산모와 아기는 위생적인 보살핌과 보호를 받아야 한다. 그리고 산모와 아기는 한 몸에 있는 두 개의 신체 장기로, 여전히 '동물자기(動物磁氣)'로 결합한 하나의 존재로 여겨져야 한다. 산모와 아기는 한동안 격리가 필요하고 모든 면에서 세심한 배려가 필요하다. (…) 이 첫 번째 단계가 지나고 나면 아이는 세상에 쉽게 적응한다."

마리아 몬테소리,
『새로운 세상을 위한 교육』

탄생이라는 중요한 순간에 양질의 돌봄을 받고 좋은 관계를 맺는다면 아이는 자기 자신과 삶에 대한 믿음을 갖게 됩니다. 프랑스어로 '앎'이라는 뜻의 단어 'connaissance'와 '출생'이라는 뜻의 'naissance'는 같은 기원에서 나온 단어입니다. 누군가를 안다는 것은 태어나는 행위를 함께한다는 것을 의미한다고 할 수 있습니다.

출산과 출산 직후
며칠간의 기록

저는 출산 후 몸조리를 위해서 아기를 다른 사람 손에 맡기고 싶지는 않았어요. 제 몸은 앞으로 살아가면서 평생 회복하면 된다고 생각했지요. 그리고 쉬고 싶은 마음보다 아이 곁에 내가 있어야 한다는 생각이 더 컸어요.

아이가 태어난 후 얼마 동안은 아주 가까운 가족들만 집에 들였어요. 아기와 우리 부부 주변에 만들어진 마법 같은 영역에 말 그대로 VIP만 들어올 수 있는 것이었죠.

모든 것이 아기를 중심으로 돌아갔어요. 아이를 재우고 수유를 하고 안아주었죠. 집을 조용히 하고 불빛은 너무 세지 않게 했어요. 실내 온도에도 신경을 쓰고 큰 소리가 나지 않게 애썼지요. 아이를 돌보는 게 모든 것의 중심이었지요. 아이에게 포근한 잠자리를 제공해주고 모유 수유를 하는 데 온 힘을 쏟았어요. 그리고 아이를 지켜보며 매 순간 경이로움에 휩싸였죠.

출산도 가능한 한 가장 자연스러운 방식을 선택했어요. 집에서 출산하는 산모들도 있지요. 저는 그렇게는 하지 않았어요. 아이를 낳는 일은 자연적인 행위지만, 상황이 복잡해지면 바로 전문의가 필요한 의료 행위가 되기 때문이지요.

저는 다섯째 아이를 출산할 때 그러한 경험을 했답니다. 배 속의 아이도 생명이 위독했어요. 계획된 제왕절개 수술 후 아이와 저는 갑작스럽게 떨어져야 했어요. 아이가 숨을 쉬지 않았거든요. 아이는 제가 출산한 병원에서 15킬로미터나 떨어진 다른 병원의 집중치료실로 보내졌어요. 그곳에서 치료를 매우 잘 받았지요. 아이를 돌봐주었던 의료진 모두에게 늘 고마운 마음입니다.

저와 아이 사이의 연결고리가 끊어지지 않도록 의료진과 가족이 물심양면으로 도왔습니다. 남편은 '우유배달원'이 되어 하루 두 번 모유를 아기가 있는 병원으로 스쿠터를 타고 실어날랐습니다. 서로의 체취가 밴 옷가지나 천 쪼가리, 동영상, 사진, 숨결과 속삭임을 담은 음성 파일, 음악, 물건 등을 통해 교감할 수 있었어요. 그리고 저는 매일 구급차를 타고 아이를 보러 갔지요. 이러한 모든 노력 덕분에 저와 아이는 물리적 거리를 뛰어넘어 '함께' 있을 수 있었지요. 그리고 우리는 무슨 일이 일어난 것인지 마음을 담아 아기에게 설명했어요. 아기가 우리가 하는 말을 다 이해하고 있을 것이라 믿으며 우리에게 벌어진 상황을 설명했고 우리의 사랑을 표현했지요.

입원 후 6일이 지나자 아이를 만날 수 있게 되었어요. 드디어 제 품에 아이를 안을 수 있었지요. 아기와 강제로 떨어져 있어야 했던 시간을 우리가 잘 견뎌냈다는 안도감이 들었습니다. 그리고 몇 달이 지나자 아이와 저 사이의 공생 관계는 긍정적으로 변했고 자연스럽게 여유를 찾았습니다. 아이가 태어난 후 얼마 동안은 어떠한 어려움이 있을지라도 우선 아이를 잘 돌보고 아이가 무엇을 느끼는지 잘 살피기 위해 최선을 다해야 합니다. 왜냐하면 아이의 마음을 살피는 것은 정말 중요하기 때문입니다. 특히 건강상의 문제가 있을 때는 더욱더 그러하니까요.

신생아는 생후 6주까지 부모, 특히 엄마와 '공생 관계'를 유지합니다. 생후 6주까지는 엄마와의 애착 관계를 더 튼튼히 하는 기간입니다. 신생아는 부모에게 의지하고 부모의 돌봄에 의존하여 살아갑니다. 그리고 우는 법, 빠는 법과 같은 자신만의 생존방식으로 부모에게 자신이 원하는 것을 요구하지요.

아이는 모유나 분유와 사랑을 먹고 자랍니다. 이 기간에 긍정적인 경험을 많이 할수록 아이의 몸과 마음이 잘 통합됩니다. 그리고 세상이 자신의 욕구를 잘 채워준다고 느끼기 때문에, 주변 환경에 대한 믿음이 쌓입니다. 낙관적인 아이로 자라게 되는 것이지요.

공생 기간 동안 애착이 잘 형성될수록 분리 단계를 잘 준비해야 합니다. 부모와 아이가 안정감을 유지하며 자발적으로 서로에게서 분리할 수 있지요. 마리아 몬테소리와 함께 연구했던 실바나 콰트로치 몬타나로(Silvana Quattrocchi Montanaro) 박사는 아이는 신체적 탄생 후 6~8주 동안 정신적인 탄생을 겪는다고 했습니다. 그 기간에 아빠가 아이와 함께 있어주면 공생 기간이 지나치게 오래 지속되는 것을 방지할 수 있다고 설명했습니다.

운동 측면에서 볼 때, 신생아는 아직 조금은 긴장된 상태라고 할 수 있습니다. 아기의 손바닥에 손가락을 갖다 대면 반사적으로 손가락을 움켜쥐는 것을 볼 수 있어요. 생후 1~2주가 지나면 거의 알

아보지 못할 정도이기는 하지만 자기 주변에 있는 사물을 향해 손을 뻗기도 합니다. 이 시기가 되면 아기는 시선을 고정하기 시작합니다.

아직은 의사전달을 위해 정확하게 소리를 내지는 못합니다. 하지만 울 수 있지요. **울음은 아기가 자신이 원하는 것을 요구할 수 있는 유일한 소통 수단**입니다. 가족, 특히 엄마의 목소리를 구분할 수 있습니다. 모국어의 음률을 구별하며 사람의 목소리와 다른 소리를 식별할 수 있습니다.

이 시기의 아기는 청각 자극에 매우 예민합니다. 귀는 태어나기 전부터 기능하고 있기 때문이지요. 미각과 후각도 이미 충분히 발달해서 주변 환경과 관계를 맺는 데 큰 역할을 한답니다. 촉각도 매우 중요한 감각으로 아기가 태어난 직후부터 발달합니다. 신체적 접촉은 촉각이 발달하는 데 매우 중요한 역할을 합니다. 신생아의 피부는 온도와 부드러운 촉감, 특히 피부끼리 맞닿을 때 느껴지는 감각에 민감하게 반응합니다. 아기를 달래는 데 마사지나 포옹만큼 좋은 것이 없지요.

한편 시각은 가장 미숙한 상태로 태어나지만, 빛과 어둠은 구분할 수 있어서 장소를 이동하면 아이는 민감하게 반응합니다. 생후 약 3주 후에는 얼굴 가까이에 사물을 가져다 대고 움직이면 시선이 따라 이동합니다. 하지만 아기의 눈에는 아직 흐릿하게 보입니다. 좌우로 움직이는 사물을 점점 눈으로 좇기 시작해요. 이 시기 신생아의 시야는 아직 좁습니다. 30센티미터 밖에 있는 것은 또렷이 보이지 않으나 관찰 대상을 자발적으로 찾으며 시력을 훈련하지요.

아이는 눈으로 보는 훈련을 하면서 점차 시력과 시지각의 정확

도를 발달시킵니다. 이 단계에는 움직이지 않는 사물을 보는 것이 아이에게 더 쉬워요. 대조가 뚜렷한 사물과 사람의 얼굴을 보는 것을 특히 좋아합니다. 때때로 아이와 눈을 맞추며 지켜보고, 아이에게 흑백의 대조가 뚜렷한 그림을 보여주는 것이 좋습니다.

아이의 감각은 생후 며칠 사이에 깨어나기 시작하며 예민하게 반응합니다. 아기의 정신도 마찬가지예요. 감각 경험과 정신 발달은 상호의존적인 관계를 맺습니다. 왜냐하면 감각을 통한 경험을 함으로써 신경세포를 연결하는 시냅스가 발달하기 때문이지요. 신생아의 뇌는 1,000억 개의 뇌세포를 지니고 있습니다. 뇌세포는 환경적 자극의 영향을 받아 서로 연결되지요.

간혹 아기가 집중하기에는 너무 어리다고 생각하는 사람들이 있습니다. 사실 관심을 집중할 수 있는 능력이 이 시기에도 이미 충분히 발달해 있답니다. 신생아는 하루에 18시간에서 20시간 정도 잠을 잡니다. 자는 동안에는 깨어 있는 동안 지각한 것들이 축적되며, 이것을 정리하고 걸러냅니다. 그러므로 아이는 충분히 자야 하고, 자는 동안 최대한 방해받지 않아야 합니다.

신생아 시기에는 잠을 많이 자기 때문에 주변 환경과 관계를 맺을 시간이 많지 않습니다. 그러니까 아기와 잘 소통하기 위해서는 아기가 외부자극을 받아들일 수 있는 깨어 있는 시간을 최대한 활용하는 것이 좋아요. 가용성과 민감성이 뛰어날수록, 즉 **아이가 필요로 할 때 곁에 있어주고(가용성) 아이의 욕구에 잘 반응할수록(민감성) 애착이 강해집니다.** 좋은 애착 관계를 통해 아이는 긍정적인 경험을 많이 하게 되며, 이는 아이의 발달에 큰 바탕이 됩니다. 그리고 아이는 삶에 대한 신뢰와 기본적인 안정감을 쌓게 됩니다.

생후 3~4개월

이 시기의 아기는 조금씩 머리를 치켜들기 시작하며 곧 목을 가눌 수 있게 됩니다. 옆으로 몸을 굴리려고 합니다. 손을 발견하고 관심 있게 관찰합니다. 손에 뭔가를 쥐어주면 잡으려고 하는 잡기 반사작용도 계속 보입니다. 시력이 향상되고 더 넓고 멀리 볼 수 있습니다. 이제 모든 방향으로 움직이는 물체를 시선으로 좇을 수 있습니다.

자기 주변에 점점 더 많은 관심을 가지며 고개를 치켜든 채로 무엇인가를 계속 관찰하려 합니다. 소리에 의한 자극을 받으면 소리가 난 쪽으로 고개를 돌리며, 자기에게 가장 익숙한 소리를 구별하려고 합니다. 사람의 얼굴을 관찰하는 것을 무척 좋아하며, 말하는 사람의 입술을 유심히 살펴봅니다.

이 시기는 언어 발달에 있어 매우 중요한 시기입니다. 아이는 본능적으로 소리를 내려고 애쓰며 모음으로 발성하기 시작합니다. 짧게 소리를 지르거나 간단한 옹알이로 자기의 의사를 표시합니다. 모든 아이는 생후 3~4개월쯤 되면 국적과 상관없이 비슷한 소리를 냅니다.

가까운 주변 사람들과 맺은 애착 관계가 깊어지며, 이러한 애착을 통해 기쁨을 얻고 안정감을 느낍니다. 주변 사람들과의 관계에 매우 의존합니다.

생후 5~6개월

아기는 어느 정도 스스로 몸을 지탱하며 앉기 시작합니다. 하지만 아기가 스스로 일어나 앉을 수 없다면 억지로 앉혀놓지 말아야 합니다. 아이의 자연적인 발달단계를 따르는 것이 좋습니다.

이제 뒤집기를 할 수 있어서 등으로 누워 있다가 몸을 뒤집어 엎드릴 수 있습니다. 팔꿈치 아랫부분의 팔로 바닥을 지지하여 상체를 일으킨 채로 주변을 관찰하는 것을 좋아합니다. 배밀이를 하며 돌아다니기 시작합니다. 물건을 집어 들거나 낚아채서 손에 쥐고 입으로 물 수 있습니다. 주변을 돌아다니며 탐색하고 다양하게 경험하는 것을 좋아합니다.

이제 자발적으로 물건을 쥘 수 있는 단계가 되었습니다. 그리고 점점 자기가 잡고 있던 물건을 놓을 수 있게 됩니다. 점차 의도적인 행동을 합니다. 탐색하기 위해 물기도 하지만, 이 시기에는 보통 첫 젖니가 나는 시기여서 이가 나는 것을 준비하고 잇몸의 간지러움이나 통증을 덜기 위해 무엇인가를 물어뜯습니다.

아기의 시력은 더 발달해서 색깔의 농담을 구분할 수 있습니다. 추론을 할 수 있는 논리력도 발달하기 시작하고 추상적 사고능력도 조금씩 자랍니다. 소리와 이미지를 짝지을 수 있습니다. 인과관계가 있는 모든 것들을 놀잇감으로 삼아 노는 것을 좋아합니다. 즉, 자기가 하는 행동이 어떤 결과로 이어지는 것을 이해하고 행동하는 것을 좋아합니다. 예를 들면 소리가 나는 장난감을 손으로 눌러서 소리 내는 놀이를 즐깁니다. 이 책에는 아이의 능력과 사고력을 통합한 다양한 놀이 방법이 소개되어 있습니다(234쪽).

언어도 발달하고 옹알이도 늘어납니다. 생후 3~4개월에는 전 세계 아기들이 모두 비슷한 소리를 냈지만, 이제 이 시기의 아기들은 자기의 모국어에 따라 다른 소리를 내기 시작합니다. 주변 환경에서 듣는 소리에 영향을 받기 때문이지요.

주변 사람과의 상호작용에 매우 집착하며, 특별한 애착 관계에 있는 가까운 이들을 인식하기 시작합니다. 그러면서 조금씩 일정한 형태로 자율성을 보이기 시작합니다. 예를 들면 이가 나고 위에서 위산이 분비되기 때문에 다양한 음식을 먹을 수 있게 되어서 좀 더 자율적인 섭식이 이루어지지요.

생후 7~10개월

아기는 혼자 앉을 수 있습니다. 깨어 있을 때는 기어 다니거나 엉덩이를 들썩거리는 것처럼 재미있는 행동을 하며 대부분의 시간을 보냅니다. 이 시기의 아이는 자신이 주도하는 대로 사물이 움직이거나 상황이 변하는 것을 특히 좋아합니다. 주변 환경을 끊임없이 탐색하며 모든 것을 손으로 만지려고 합니다.

탐색 범위가 넓어짐에 따라 운동 협응 능력이 발달합니다. 쥐는 능력이 매우 정교해져서 손가락 끝을 이용해 물건을 잡을 수 있습니다. 손에 쥐고 있던 물건을 좀 더 수월하게 놓을 수 있으며, 한 손에서 다른 손으로 자유자재로 물건을 옮기기도 합니다.

이 시기에는 던지는 것도 아주 좋아합니다. 무엇이든지 손에 닿는 대로 입으로 가져갑니다. 또 새로 앞니가 납니다. 일어서려고 하며 혼자 서는 연습을 합니다. 종종 발
을 가지고 놉니다.

　이제 시력은 성인의 시력만큼 발
달합니다. 이때부터 시력은 아이의
발달에서 가장 중요한 역할을 하게
됩니다. 눈은 아이의 몸에서 가장 중
요하고 가장 많이 이용하는 지각 기
관이기 때문입니다. 이제는 색깔의
농담을 완벽하게 구별할 수 있으며,
형태를 비교하는 것을 좋아합니다. 세세하게 관찰하는 것을 즐기며,
이를 통해 시각을 예리하게 발달시킵니다. 자신의 몸을 인지하고 공
간 지각 능력이 생기기 시작합니다.

　주변의 대상을 손가락으로 가리키기(포인팅, pointing) 시작하는
데, 이는 언어 발달에 있어서 매우 중요한 단계라고 할 수 있습니다.
왜냐하면 무엇인가를 손으로 가리키면서 대화를 시작하기 때문입니
다. 아이는 포인팅을 함으로써 대화하는 상대방이 자기가 가리키는
대상의 이름을 말하거나 가져다주기를 원하는 마음을 표현합니다.

　그리고 이 시기에 '대상영속성(object permanence)'이라는 개
념을 이해하기 시작합니다. 다시 말해 어떤 대상이 더는 보이지 않
더라도 계속 존재한다는 사실을 아이가 이해할 수 있지요. 지금까지
는 눈에 보이지 않으면 사라졌다고 믿었지만, 이제는 그렇지 않다는

사실을 이해하기 시작하는 거예요.

이제 아이는 대상을 찾는 행위를 즐기는 단계가 되었습니다. 무엇인가가 있다가 사라지거나, 혹은 없다가 나타나는 것을 관찰하는 데서 즐거움을 느낍니다. 어떠한 대상이 반복해서 나타났다 사라지는 것을 재밌는 놀이로 받아들입니다. 그래서 '까꿍 놀이'를 시작하지요. 특히 자기의 손바닥 뒤에 얼굴을 숨기는 귀여운 행동을 한답니다. 이 책의 235쪽에는 대상영속성과 관련된 놀이법이 소개되어 있습니다.

이 시기의 아이는 익숙한 사람과 낯선 사람을 구별하기 시작하는데, 이 또한 대상영속성과 연관이 있습니다. 낯선 사람이 함께 있을 때는 불안해하는 모습을 보이기도 합니다. 아이가 조심성 있게 행동하는 것을 보고 겁을 먹었다고 생각하는 사람들도 있지만, 사실은 자기가 잘 아는 사람들과 다른 사람이라는 것을 천천히 알아보는 중이라서 이런 모습을 보이는 것이랍니다.

아기는 '나'라는 개체적 존재를 인식하기 시작합니다. 이 시기의 영아는 새로운 사람을 만났을 때 자기의 욕구가 충족될 수 있다는 인식을 하지 못하면 불안감을 느낄 수도 있습니다. 그래서 아이가 불안해할 때는 아이를 재촉하거나 잘 모르는 사람 품에 안겨보라고 하지 않는 것이 중요합니다. 아기는 미리 말하지 않거나 동의를 구하지 않고 마음대로 안아들 수 있는 인형이 아니에요. 아기도 한 명의 인간이고 배려받기를 원한답니다.

아기가 가장 꺼리는 것은 시각적 접촉이 채 이루어지기도 전에 갑자기 누군가 자기를 '붙잡는' 상황이에요. 사실 흔히 일어나는 일이지요. 아이에게 낯선 이를 알아갈 시간을 충분히 주면 이 상황을 편안하게 받아들일 거예요. 존중받는다는 느낌이 들 테니까요.

낯선 얼굴에 대한 두려움은 아기가 자기 자신을 인식하고 있다는 것을 의미합니다. 이 시기의 아이들은 거울에 비친 자기 모습을 보는 것을 아주 좋아합니다. 그리고 자기 것으로 식별할 수 있는 장난감과 자기의 마음을 편하게 해주는 장난감에 애착을 갖기 시작합니다.

이 시기의 언어 발달에 대해 알아볼까요? 생후 7~10개월의 아기는 마, 파, 다, 바 등의 음절을 소리내기 시작합니다. 음절을 붙여서 소리 내서 '마마마' 혹은 '파파파' 같은 소리도 낼 수 있습니다. 그리고 일정한 동작과 옹알이를 짝지어서 하기도 합니다.

생후 11~13개월

첫 돌 전후로 아이가 처음으로 발을 떼는 것을 볼 수 있습니다. 멋진 공연처럼 모두가 고대하는 순간이지요. 얼마나 대견한지요! 가장 일

반적으로 이 월령에 걸음마를 시작하지만, 더 일찍 걷는 아이도 있고, 좀 더 여유롭게 준비해서 생후 18~20개월경에 걸음마를 시작하는 아이도 있습니다. 아이들은 모두 자기만의 속도로 자라고 있으니까 너무 염려하지 마세요. 중요한 것은 아기가 준비되었을 때 걸음마를 배워야 한다는 것입니다.

아기는 보통 자기 앞에 있는 사물을 잡고 밀면서 걷거나, 가구를 짚고 기대어 걷습니다. 좀 더 잘 걷게 되면 손을 놓고 걷기 시작합니다. 아주 기쁜 마음과 호기심이 가득한 채로 새로운 세계로 탐험을 떠나기 위해 발을 내딛지요. **아기는 걷기를 통해 자기의 세계를 확장합니다.**

그리고 손은 점점 더 정교하게 움직일 수 있게 되어서 주변 환경에 일정한 힘을 행사하기 시작해요. 그전과 마찬가지로 관심이 있는 것을 손가락으로 가리키며 탐색하고 싶은 사물을 달라고 더 강하게, 더 자주 요구합니다. 소통하는 것을 더욱더 좋아하며 이 시기에 첫 단어를 말하는 아이도 있습니다.

이제 아이는 거부와 거절을 표현하기도 합니다. 성격도 조금씩 드러납니다. 감각 경험을 다양하게 늘려가며 '입체적' 공간을 인식하기 시작합니다. 예를 들어 상자나 가방 속에 손을 넣으면 깊이감을 이해할 수 있지요. 상자나 사물을 쌓아 올리기 시작합니다. 조립이나 쌓기 놀이의 시작단계라고 할 수 있습니다. 아이의 뇌도 발달하여 이전까지는 열려 있던 두개골이 이제 맞닿습니다.

생후 13~18개월

아이는 이제 점점 안정적으로 걸을 수 있습니다. 그리고 자기 뒤로 물건을 끌고 올 수 있게 되지요. 아이가 자기의 신체 능력을 어떻게 활용하는지 지켜보는 것은 매우 기쁘고 신기한 일이에요. 아이에게 계단은 더는 미지의 공간이 아닙니다. 여기저기 다 오르려고 하지요. 이 시기의 영아는 다양한 도전을 즐깁니다. 매우 활발하게 대근육 운동을 합니다.

소근육도 발달해요. 사물을 쥐는 힘과 능력이 향상돼서 손재주가 발달하지요. 양손의 협응력이 좋아집니다. 좀 더 세밀한 동작을 할 수 있게 되어서 숟가락질을 하거나 발로 공을 차는 모습을 볼 수 있어요. 이제 아이는 열정적으로 움직이고 끊임없이 훈련하면서 많은 것을 할 수 있게 됩니다. 스스로 하고자 하는 욕구가 생기며 간혹 어른이 제지하면 자기가 하고 싶다는 마음을 표현하기도 하지요. 자아를 확인하며 반대와 거부 의사를 표현하기 시작합니다.

이 시기의 아이는 혼자 노는 것을 좋아하며, 한 가지 활동에 엄청난 관심을 쏟으며 집중하는 모습을 볼 수 있어요. 계속 반복해서 물건을 끼워 넣고 빼는 놀이를 매우 좋아합니다. 반복활동에서 큰 즐거움을 느끼는 것이지요. 숨바꼭질 놀이도 즐겁합니다.

언어도 발달하며 매일 새로운 단어를 습득합니다. 단어와 맞는 대상을 하나씩 짝짓는 것을 좋아합니다. 사람들의 입술을 매우 주의 깊게 관찰하는 모습을 볼 수 있어요. 우리가 말하는 것을 모두 이해하는 것처럼 보이지요. 우리가 하는 말에 대꾸하고 먼저 말을 걸기도 합니다. 아주 짧은 문장을 시작하는 아이도 있습니다.

생후 18개월~만 2세

이제 아기 같은 모습이 점차 사라지기 시작합니다. 감각적 경험과 지각을 다양하게 하고 주변 환경을 탐색하면서 많은 활동을 하는 동안 자신감이 굳건해집니다. 아이는 뛰고, 춤추고, 심지어 힘차게 달릴 수 있어요. 신체 움직임이 완성되고 있습니다. 소근육과 눈-손 협응도 완성되어갑니다. 이제 책장을 조심스럽게 한 장씩 넘길 수 있으며, 그림을 그리거나 블록을 쌓아 뭔가를 만들기도 합니다.

자기 주변의 사람들을 관찰하며 따라 하는 것에 큰 재미를 느낍니다. 주변 사람들이 일상생활에서 하는 행동과 사용하는 언어를 모방하려 합니다. 모방을 통해 자율성이 발달하며 어휘력도 풍부해집니다. 동사(서술어)를 사용하기 시작하며 점점 문장을 만들기 시작합니다.

다른 사람이 하는 일을 함께하는 것을 좋아하며 누군가를 도와주려고 하는 모습도 보입니다. 이 시기의 아이는 일상적인 활동과 집안일을 좋아합니다. '주변 사람처럼 하기'를 원하지요. 이를 위해 아이는 큰 노력을 해야 합니다. 마리아 몬테소리는 이것을 '최대한의 노력(maximum efforts)'이라고 불렀는데, 균형감각과 힘을 쓰는 법을 조절하기 위해 애쓰며 도전과제를 수행하는 것을 뜻합니다. 이 같은 발달에 따라 아이는 스스로 먹으려고 합니다.

이제는 자기가 해도 되는 것과 하지 말아야 할 것을 구별하며 규칙을 이해하기 시작합니다. 성격이 발달하며 기질이 드러납니다. '거부'의 단계에 접어들고 힘을 실어 '아니'와 같은 부정 표현을 합니다. 그리고 자기가치확인(self-affirmation) 단계가 시작됩니다.

만 2~3세

만 2세가 된 아이는 이제 자신의 움직임을 통제할 수 있습니다. 그리고 더 재빠르게 움직이지요. 두 발로 점프를 할 수 있고, 한 발로 서서 반대쪽 발로 공을 찰 수도 있습니다. 자율성이 커지고 점점 더 자발적으로 행동합니다.

이 나이의 아이는 많이 걸어야 합니다. 가능한 한 유모차를 사용하지 않는 것이 아이의 신체 발달을 도울 수 있습니다. 아이가 걷는 속도에 함께 맞춰 걸으며 아이가 잘 걸을 수 있게 해주세요. 마리아 몬테소리는 "아이와 함께하는 산책에는 (…) 비법이 있다. **아이가 우리와 걷게 하는 것이 아니라, 우리가 아이와 함께 걷는 것이다**"[6]라고 말했습니다.

아이가 옷 입기, 몸단장, 집안일, 식사 준비 등을 함께할 수 있도록 하여 자립심을 키울 수 있게 도울 수 있습니다. 아이는 이해하고, 관찰하고, 모방하고, 성장하고 새로운 운동기능을 습득하는 것을 좋아합니다.

좀 더 명확하게 말할 수 있으며 매일 새로운 단어를 배워갑니다. 자기가 알고 있는 사물의 이름을 말하는 것을 좋아하며, 새로운 단

---

6 Maria Montessori, *Education for Independance, The 1946 London Lectures*, Montessori–Pierson Publishing Company, 2012. (『1946년 런던 강연록』 중 강연 「독립을 위한 교육」, 국내 미출간)

어를 학습하기 위해 들리는 말을 따라 하고 주변 사람에게 묻는 것을 좋아합니다. 점점 문장을 만들어 이야기합니다. 대화하고, 상호작용을 하고, 듣고, 노래하는 것을 좋아합니다. 해도 되는 일과 안 되는 일을 구분하며 사회화 규칙을 점점 더 분명하게 이해할 수 있습니다.

자아가 확립되면서 부정의 단계에 접어들기 시작합니다. 아무런 악의 없이 단지 자기 존재를 알리기 위해 목청 높여 '아니'라고 소리를 지르기도 합니다. 아이가 이런 반응을 보이면 우리는 때로 놀라기도 하고 상처를 받기도 하지요. 하지만 자아 형성에 필요한 단계라는 사실을 이해해야 합니다. 아이가 자신이 존중받고 있다고 느끼면 이러한 부정 단계는 좀 더 평온하게 지나가기도 합니다.

이 시기의 아이는 자기와 함께 있지 않은 가족이나 친구에 관해서도 이야기합니다. 자기 자신을 삼인칭으로 표현하다가, 세 돌 무렵에는 '나'라는 말을 배워서 일인칭으로 얘기할 수 있습니다. '나'라고 표현하는 것은 자기 존재를 인식하기 시작했다는 신호이기도 합니다. 이제 아이에게 새로운 시대가 열린 것이지요.

태어나서 만 3세까지 아이는 우리에게 "나일 수 있는 방법을 알려줘요", "나라는 존재를 인식할 수 있도록 도와줘요"라고 끊임없이 표현합니다. 그리고 만 3세부터 만 6세까지는 "내 힘으로 할 수 있게 도와줘요"[7]라고 말하지요.

발달단계의 흐름을 미리 알아두면 흡수하는 정신과 앞으로 거쳐갈 민감기를 중심으로 아이가 태어나서 만 3세까지 어떤 과정을 통해 자아를 인식하고 자율성을 형성해가는지 지켜보고 관찰하고 이해할 수 있습니다.

---

7 Charlotte Poussin, *Apprends-moi à faire seul: la pédagogie Montessori expliquée aux parents*, Eyrolles, 2011. (『몬테소리 기적의 육아: 만 3~6세』, 국내 출간 예정)

흡수하는 정신

아이의 정신은 자연적으로 주변에 있는 것을 점차 흡수합니다. 마리아 몬테소리는 이것이 아이들의 대표적인 특징이라고 밝혔습니다. 성인의 정신은 의식적이고 점진적으로 사고를 발전시키는 반면, 아이는 무의식적으로, 그리고 즉각적으로 모든 것을 흡수합니다. 몬테소리는 아이의 무의식을 사진을 인화하는 어두운 암실로 비유했습니다. 흡수한 것을 드러내고 영원히 각인시키는 신비로운 현상이 아이의 무의식 속에서 일어나는 것 같다고 말했습니다.

몬테소리는 아이의 정신과 성인의 정신을 비교했습니다. 사진처럼 기억하는 아이의 정신과는 반대로 성인은 빛이 잘 드는 아틀리에에서 끊임없이 붓질을 더해 그림을 그리는 것처럼 노력을 통해 무엇인가를 기억합니다. 다시 말해 성인은 의식적으로 기억을 하는 것이지요.

흡수하는 정신은 어린아이만이 가지고 있는 특징입니다. 아이는 흡수하는 정신을 통해 자신이 사는 주변을 흡수합니다. "아이들은 스펀지와 같다"라는 표현이 제격이지요. 아이는 주변 환경과의 상호작용 속에서 경험한 모든 것을 흡수합니다.

아이는 자신에게 특정한 인상을 남기거나 특정 감각을 자극한 경험을 통해, 자신이 지각한 것을 분류하고 정리합니다. 이러한 경험은 아이가 정신적으로 성숙하는 데 토대가 되지요. 신체적 삶(신체적

경험)과 정신적 삶(정신의 작용)이 끊임없이 상호작용하는 것입니다.

마리아 몬테소리는 아이가 경험을 흡수하고 통합하여 내재화시키는 정신적인 상태를 '흡수하는 정신'이라고 일컬었습니다. 아이는 우선 경험을 흡수한 뒤 분석합니다. 흡수하는 정신은 태어나서 대략 만 3세까지는 무의식이었다가 만 3세부터 만 6세까지 점차 의식적으로 변합니다.

뇌신경 분야의 과학자와 연구가들은 몬테소리가 주장한 흡수하는 정신을 증명했습니다. 모두 알다시피 시냅스는 뇌세포를 연결하는데, 생후 3년 동안은 시냅스가 가장 활발하게 만들어지는 시기입니다. 그래서 이 시기의 아이의 뇌는 마치 모든 것을 빨아들이는 진공청소기처럼 기능하지요.

이후 만 4세부터는 시냅스 형성이 감소하기 시작하며, 특히 사춘기 이후에 많이 줄어듭니다. 아이가 자랄수록 불필요한 시냅스는 소위 '가지치기'를 당하여 더 유용한 시냅스를 위해 소멸됩니다. 그래서 배운다는 것은 더 유용한 능력을 개발하기 위해 잉여능력을 제거하는 과정이라고도 말할 수 있지요. 아이는 주변 환경으로부터 주어진 것과 주어지지 않는 것에 따라 만들어집니다.

이렇게 모방을 통해 주변 환경의 특징을 통합할 수 있는 능력 덕분에 아이는 자기만의 성격을 형성할 수 있고, 다른 한편으로는 '자기 시대의 사람'이 될 수 있습니다. 다시 말해 자신이 사는 사회의 문화와 시대에 적응하는 것이지요. 아이는 흡수하는 정신을 통해 개인적인 정체성을 만들 뿐만 아니라 자기가 자라는 집단의 정체성에 맞는 사회적 정체성도 형성합니다. 아이는 접촉하는 사람들의 언어, 관습, 습관, 가치관을 흡수하며, 이를 통해 사회적 집단에 속한다는 소속감을 느낄 수 있습니다. 이러한 소속감 덕분에 아이는 커다란 안정감을 느끼고 자신감을 쌓게 됩니다.

마리아 몬테소리는 자신의 저서 『과학적 교육학』[8]에서 "아이는 생후 1년 동안 흡수하는 정신을 통해 개인의 모든 특성을 무의식적으로 흡수한다. 또한 그동안 주변에서 주어지는 교육적인 도움을 모두 흡수한다. 이 시기에 인간은 지치지 않고 활동하며 마치 영양분처럼 지식을 몸속에서 소화시킨다"라고 설명했습니다.

---

[8] Maria Montessori, *Pédagogie scientifique, Tome 1, La Maison des enfants*, Desclée de Brouwer, 2004. (『과학적 교육학: 제1권 아이들의 집』, 국내 미출간)

뇌의 가소성

셀린 알바레즈(Céline Alvarez), 블로그 〈어린이의 유치원(La maternelle des enfants)〉에서 발췌

뇌가 어떻게 발달하는지 알아봅시다. 갓 태어난 인간은 감각통로를 통해 외부 세계의 정보를 축적하기 시작합니다. 각각의 이미지, 각각의 상호작용, 각각의 사건은 뇌섬유 속에 저장되며 뉴런을 연결합니다. 뉴런 연결은 엄마 배 속에 있을 때부터 시작되며 태어난 후부터 엄청나게 빠른 속도로 진행됩니다. 태어나서 만 5세까지 초당 약 700개에서 1,000개의 뉴런 연결고리가 형성됩니다. (…)

아이가 집중적으로 무엇인가를 만지고, 붙잡고, 우리를 부르고, 살펴보고, 세계를 관찰하는 동안, 아이의 뇌는 만들어지고 있습니다. 어른들은 자신의 편의를 위해 (…) "만지지 마", "가만히 있어", "앉아", "기다려", "조용히 해" 같은 말을 하며 아이를 통제하려 합니다. 하지만 아이가 뇌를 구성하는 데 필요한 활동을 번번이 저지하지 않는 것이 중요합니다. 이것은 아이가 행동하지 못하게 막는 것이 아니라 지능이 형성되는 것을 막는 것입니다. 아이의 지능이 탐색하고 수십억 개의 뉴런이 연결될 수 있도록 해주어야 합니다. (…)

인간의 뇌는 환경에 의해 만들어집니다. 좋은 영향을 주지 못하거나 폭력적인 환경이 이 시기의 아이에게 어떠한 결과를 초래할지 상상해보세요. 뇌는 받아들인 정보를 양분으로 삼아 자라기 때문에 (…) 끔찍한 결과로 이어질 수도 있습니다. (…) 이 시기의 결핍은 아이의 잠재력을 해칩니다. 약한 토대 위에 튼튼한 건물을 세울 수 없듯이, 영아기에 형성된 뇌신경 회로가 약하면 나중에 성인이 되었을 때의 뇌 구조에 부정적인 영향을 미치게 됩니다.

선별 단계 --

성장한다는 것은 1,000조 개의 시냅스가 300조 개로 줄어든다는 것을 의미합니다. 가장 유용하지 않은, 즉 가장 적게 반복되는 경험을 기억하는 뇌 신경세포의 연결회로는 점차 약해져서 소멸하지요. 반대로 아이가 가장 자주 하는 경험을 기억하는 시냅스, 사용 빈도가 가장 높은 시냅스는 강화됩니다. 이러한 현상을 시냅스의 가지치기라고 부릅니다.

시냅스 단절에서 주목해야 할 점은, 바로 뇌가 시냅스의 질을 고려하지 않는다는 것입니다. 사용 빈도에 의해 소멸하는 시냅스가 결정되지요. 아이가 매우 구어체적인 표현에 가장 많이 노출되었다면, 정중한 표현을 들어도 아이의 뇌는 가장 자주 들었던 단어의 흔적을 강화시킵니다.

따라서 성장은 가능성 중 3분의 2는 잃고, 가장 자주 사용되는 나머지 3분의 1만을 강화하는 과정이라고 할 수 있습니다. (…) 성장은 전문화되는 과정입니다. 성인의 지능이 아이의 지능보다 떨어지지는 않습니다. 다만 전문화된 것이지요. 자기가 사용하는 언어, 속해 있는 문화, 사고방식, 사회적 행동 등이 전문화된 것입니다.

아이와 함께 산다는 것은 아이가 전문화되어가는 과정에 함께한다는 것을 의미합니다. 우리가 말하는 방식, 반응하는 방식, 아이와 함께 혹은 아이 앞에서 하는 행동이 말 그대로 아이의 뇌신경의 배선에 영향을 미칩니다.

0~만 2세: 결정적 시기 ------------------------------------

★ 만 1세가 되면 뇌는 벌써 시냅스를 단절하기 시작한다.

★ 1년 후 만 2세가 되면, 뇌 구조의 기초를 마련한다. 이는 긍정적이든 부
  정적이든 간에 가장 자주 하는 경험을 바탕으로 형성된다.

★ 이러한 뇌의 기본구조는 시간이 지날수록 재구조화하기 어려워진다.

그래서 이러한 결정적 시기, 다시 말해 아이의 뇌가 너무 전문화되기 전에
특히 더 많은 관심을 기울여야 합니다.

그렇다면 뇌의 가소성은
구체적으로 무엇을 의미할까요? ------------------------

뇌의 가소성은 시냅스 연결이 계속해서 역동적으로 강화되고 소멸되는
과정의 특징을 일컫습니다. 이 과정은 태어나기 전부터 시작합니다. 그리
고 태어나서 몇 년 동안 뇌구조의 기초를 형성하는 시기에 강하게 지속됩
니다. 그 이후로 뇌의 가소성은 점진적으로 감소하며 사춘기가 되면 눈에
띄게 줄어듭니다. 하지만 성인이 될 때까지도 뇌의 가소성은 계속해서 변
합니다.

이건 꼭 명심하세요!

★ 우리의 뇌는 가소성 메커니즘만큼 아주 뛰어나게 기능하지만, 뇌의 기능은 외부환경에 따라 달라진다.

★ 따라서 영유아기는 엄청난 잠재력을 지닌 시기이기도 하지만, 동시에 매우 취약한 시기이기도 하다.

★ 긍정적이든 부정적이든 아이가 하는 모든 경험은 아이에게 큰 영향을 미친다. 이러한 점에 비추어볼 때, 우리는 사회적으로 중요한 과제를 해결해야 한다. 다시 말해 성인으로서 이제 막 태어난 아이에게 가장 좋은 환경을 제공하고 최악의 상황으로부터 아이를 지킬 책임이 있다는 것이다.

민감기

흡수하는 정신은 마리아 몬테소리가 '민감기'라고 칭한 본능에 따라 발달합니다. 민감기는 아이에게 정해진 시기에 자신의 발달에 필요하고 성장단계에 적합한 환경적 측면에 관심을 집중시키는 내면의 성향입니다. 마리아 몬테소리는 민감기를 아이의 내면을 비추는 등불에 비유했습니다. 민감기는 아이에게 무엇이 필요한지를 확인시켜주기 때문입니다.

아이는 자신의 필요에 따라 환경에서 무엇을 배울지 선택합니다. 특정 활동에 매우 민감하게 반응하지만 다른 활동에는 무관심한 모습을 보입니다. 한 가지 활동을 정하고 나면, 그 활동에 관심을 쏟고 집중하며 특별한 노력 없이도 자연스레 즐겁게 배웁니다.

아이는 자신이 처한 환경에서 자신이 계속할 수 있으며 자신을 정신적으로 성장시켜주는 것을 본능적으로 선택합니다. 아이가 선택한 외부 대상은 아이에게 감각적인 흔적을 남겨 정신세계에 영향을 미치며, 지능을 발달시키는 관계를 맺도록 유도합니다. 예를 들면 아이가 움직임에 대한 민감기를 지나고 있을 때는 신체 움직임을 발달시키는 데 도움이 되는 모든 활동에 끌립니다.

> **"민감기에 일어나는 내적 활동의 중심은 바로 이성이다."**
>
> 마리아 몬테소리,
> 『어린이의 비밀』

민감기의 시기와 강도는 조금씩 다를 수 있습니다. 그리고 각기 다른 기능의 민감기가 겹치기도 하지요. 어떤 민감기는 태내에서부터 시작하기도 합니다. 마리아 몬테소리는 다음과 같이 여섯 가지의 주요 민감기를 설명했습니다.

- ★ 질서에 대한 민감기(0세부터 만 6세까지)
- ★ 움직임에 대한 민감기(0세부터 만 5~6세까지)
- ★ 언어에 대한 민감기(0세부터 만 7세까지)
- ★ 감각에 대한 민감기(0세부터 만 6세까지)
- ★ 작은 사물에 대한 민감기(만 1세부터 만 6~7세까지)
- ★ 사회적 관계에 대한 민감기(태내에서 시작해 만 6세쯤 절정)

민감기는 일시적으로 지속됩니다. 민감기 동안 특정 능력이 학습되고 나면 민감기는 끝납니다. 아이는 학습 욕구를 충족하고 본능적으로 추구했던 능력을 습득하고 나면 다른 것에 눈을 돌립니다.

'민감기'라는 용어는 네덜란드의 생물학자 휘호 더프리스(Hugo de Vries)가 1902년에 제창한 개념입니다. 마리아 몬테소리는 이 개념을 교육학에 도입했지요.

애벌레를 관찰하던 더프리스는 애벌레가 알을 깨고 나온 직후 빛에 민감하다는 사실을 발견했습니다. 애벌레는 나무뿌리에서 태어나서 생존에 필요한 영양소가 들어 있는 어린잎을 뜯어 먹기 위해 나뭇가지 끝으로 올라갑니다. 그리고 며칠이 지나고 나면 애벌레는 더는 빛에 끌리지 않습니다. 이제는 연한 잎을 먹을 필요가 없기 때문이지요. 애벌레는 다시 나무줄기와 기둥을 따라 땅으로 내려옵니다. 자신이 쫓았던 빛이 이제는 성장에 방해가 되기 때문입니다. 이렇게 애벌레는 계속해서 각기 다른 기간 동안 본능적으로 자신이 성장하는 데 필요한 요소를 주변 환경에서 찾습니다.

다른 예로 바다거북을 살펴볼까요? 바다거북은 모래사장에서 태어나는데, 알을 깨고 나오자마자 엄청난 기세로 바다로 뛰어듭니다. 바다거북의 알이 부화하려면 모래사장의 열이 필요하지만, 알을 깨고 나온 새끼가 살아남으려면 물이 절대적으로 필요하기 때문입니다. 이러한 본능을 따르는 데 장애물이 있다면 죽고 마는 것입니다.

결과적으로 민감기는 인생이 걸릴 정도로 중요하고 거스를 수 없는 요구라고 할 수 있습니다. 마리아 몬테소리는 이러한 요구가 충족되지 않을 때 아이는 커다란 심리적 고통을 느낀다고 생각했습니다. 아이가 느끼는 고통의 원인은 대부분 무의식에서 기원하며, 분노나 슬픔, 불쾌감 등의 폭력적인 반응을 초래할 수 있습니다.

몬테소리는 흔히 아이들이 부린다는 '변덕'의 원인 대부분이 이러한 고통 때문이라고 생각했습니다. 사실은 아이가 느끼는 **엄청난 지적 좌절감을 표현하는 방식**이지요. 이러한 사실을 잘 알면 아이의 반응을 더 잘 이해할 수 있습니다.

어른들의 눈에는 별것 아닌 일이지만 아이가 관심과 열정을 가지고 집중하고 있는 모습을 상상해봅시다. 아이를 방해하거나, 나아가 아이가 그 활동을 마치는 것을 방해한다면 생존을 위해 도약하고 있는 아이를 방해하는 것이며, 실제로 정신 발달을 막는 것입니다. 그래서 아이는 자기가 하던 활동이 자신에게 얼마나 중요한지는 모르더라도 화가 나지요. 아이는 좌절감을 말로 표현하는 법을 모릅니다. 특히 아직 말을 하지 못하는 어린아이는 발을 쿵쿵 구르기도 합니다. 아이가 하는 일이 어른들의 눈에는 아

> **"아이가 민감기의 내적 지시를 따를 수 없다면 특정 능력을 자연스럽게 습득할 기회를 놓치게 되며, 그 기회는 다시 돌아오지 않는다."**
>
> 마리아 몬테소리,
> 『아이들의 비밀』

무런 쓸모없는 사소한 일로 보이더라도, 아이에게는 가장 중요한 일일지도 모릅니다.

마리아 몬테소리는 아이가 내면을 구축하고자 하는 큰 충동을 따를 때, 이를 방해하지 않도록 주의해야 한다고 생각했습니다. 아이가 폭발적으로 발달해야 할 때 지나치게 자주 방해를 받으면 수월하게 발달하기 어렵습니다. 그리고 민감기에 향상되어야 할 능력이 제대로 습득되지 않은 채로 민감기가 끝나버린다면, 나중에는 그 능력을 배우는 데 훨씬 많은 노력이 필요할 수 있습니다. 간혹 아이들이 배우는 것을 너무 힘들어할 수도 있습니다.

불행하게도 아이의 원활한 발달에 필요한 환경적인 요소가 아이에게 주어지지 않는 극단적인 경우도 있습니다. 이런 경우에는 다음

에 다룰 디에고의 이야기처럼 비극적인 결과가 초래될 수도 있습니다. 반면 탐색 욕구가 잘 충족되는 아이는 만족감을 느낍니다. 배움이 주는 행복감 덕분에 유쾌하고 명랑합니다.

사실 아이는 본래 배움에 대한 목마름을 끊임없이 느낍니다. 마치 모험가처럼 새로운 것에 끌리지요. 아이는 탐색하고, 삶을 발견하고, 시험하고, 실험하고, 시도하고, 또 시도하고자 하는 동기를 가지고 태어납니다. 그래서 아이는 늘 열정이 넘치지요. 아이는 배울 때 즐거움을 느끼며 지치지 않고 활력이 넘칩니다. 이러한 자연적인 학습 동기는 강요된 활동을 할 때는 전혀 생기지 않습니다. 그 활동은 민감기라는 중대한 도약과는 아무런 관계가 없기 때문입니다.

민감기에 배우는 것은 당연한 이치입니다. 민감기가 지나고 나서 같은 것을 배우는 것은 훨씬 어렵지요. 예를 들어 언어에 대한 민감기(0세부터 만 7세까지) 동안 제2언어에 노출된 아이가 얼마나 쉽게 외국어를 배우는지 알아볼까요?

외국어를 열심히 배우기 시작한 성인과 민감기에 외국어를 배우는 아이의 학습 과정이 어떻게 다른지 살펴봅시다. 민감기의 아이의 경우 자발적인 언어 습득이 이루어지지만, 성인의 언어 학습에는 추론이 개입됩니다. 읽기와 쓰기 능력에도 같은 결과를 확인할 수 있었습니다. 초등학교 입학 전 아주 이른 시기에 외국어를 잘하는 아이들도 더러 있습니다. 그러니까 민감기가 그냥 지나게 두어서는 안 됩니다. 시간이 지나면 학습이 더 어려워지기 때문입니다. 떠난 버스는 다시 돌아오지 않습니다. 아이의 배움에 대한 욕구를 지켜주세요. 그것은 보물입니다. 아이에게 학습 욕구가 생길 때까지 기다려주고, 민감기가 되면 이를 활용하세요.

아직 아이가 아무것도 배우고 싶어하지 않는다고 해도 인내심을 가지고 기다려야 합니다. 걸음마를 가르치고 배변훈련을 할 때도 마찬  가지입니다. 기다려주고 아기가 필요로 할 때 곁에 있어주어야 합니다. 아이는 탐색 욕구와 발견의 즐거움이 이끄는 대로 배우는 기쁨을 느낍니다. 몬테소리는 우리가 사는 데 산소가 필요한 것처럼, 배우는 기쁨은 아이의 지능 형성에 필수 불가결한 조건이라고 주장했습니다.

아이는 자신에게 주어지지 않는 것이 아니라 오직 주어지는 것만을 바탕으로 자랍니다. 따라서 아이의 필요에 맞는 환경을 제공해주는 것이 중요합니다. 아이의 환경은 아이가 필요로 하는 것을 적기에 마련해줄 수 있어야 합니다.

민감기에 해당하는 자극을 적당량 주는 것도 중요합니다. 자극은 너무 많거나 너무 적지 않아야 합니다. 자극을 과도하게 주지 않도록 주의해야 합니다. 아이가 질릴 수도 있기 때문이지요. 스펀지라고 해도 대야에 담긴 물을 전부 빨아들일 수 없습니다.

마리아 몬테소리는 모든 아이는 엄청난 잠재력을 가지고 있지만, 필요한 자극이 적기에 주어질 때, 특히 자극의 양과 질이 적절할 때 그 잠재력이 최대한 발달할 수 있다고 믿었습니다. 따라서 아이가 민감기를 지나는 동안 도약할 수 있도록 잘 돕기 위해서는 민감기의 원칙을 잘 이해하는 것이 중요합니다.

질서에 대한 민감기

아마 갸우뚱하신 분들도 있을 거예요.

"우리 아이가 질서에 민감하다고? 그렇게 어지르는 걸 보아 분명 그럴 리가 없는걸."

어쩌면 지금 여러분의 아이가 질서에 대한 민감기를 지나고 있거나 이미 지났을 수도 있습니다. 질서에 대한 민감기는 0세에서 만 6세 사이에 나타납니다. 이 사이에 질서감에 대해 강하게 집착하거나, 집착했던 적이 있을 거예요.

　질서를 추구하는 것은 아이의 기본적인 특성입니다. 바로 질서를 통해 아이는 기본적인 안정감을 느낄 수 있습니다. 외부의 질서가 있어야 아이가 내면의 질서를 구축할 수 있고, 경험을 통해 수집한 지각의 소용돌이를 정리할 수 있습니다. 질서에 대한 민감기는 아이의 전반적인 정신세계를 결정짓습니다. 질서감이 형성되면 아이는 정신적인 중추(그리고 신체적인 중추)를 단단하게 만들 수 있으며 안정감을 느낄 수 있습니다. 질서는 기계적인 것을 의미하는 것이 아닙니다. 아이를 대하는 방식이 일관되어야 한다는 것을 뜻합니다. 아이는 '똑같은 것'을 원합니다.

　다시 말해 아이에게는 루틴과 일정한 지표(시간, 공간, 식사나 잠자리, 안아주는 방식 등)가 필요합니다. 모든 것을 정해진 방식대로만 따라야 하지는 않습니다. 인생은 예기치 못한 일들의 연속이니까요. 그러나 우리가 아이를 대하는 전반적인 태도는 규칙적이고 일관되게 유지할 수 있습니다.

　질서에 대한 민감기의 핵심은 아이를 자신이 알고 있는 환경에 두는 것입니다. 아이는 배 속에서 엄마와 한 몸으로 자랐기 때문에 태어나서 얼마 동안은 엄마와 자신이 다른 존재라는 것을 인식하지 못하지만, 질서가 유지되는 환경에서 자라면서 자신과 엄마를 다른 존재로 구별할 수 있게 됩니다.

민감기를 놓쳐버린
디에고의 이야기

저는 한 구호단체에서 일하며 브라질에서 1년 좀 넘는 시간을 보냈습니다. 저와 남편은 디에고라는 열 살짜리 아이를 위탁받아 보육했지요. 디에고는 태어날 때부터 뇌성마비를 앓아서 영유아기에 아무런 자극도 받지 못한 채로 자라게 되었습니다.

디에고는 생후 4개월 만에 한 병원에 버려졌고, 몇 년이 지난 뒤 보육원으로 보내져 부모에게서 버림받은 아이들과 함께 자라게 되었습니다. 디에고는 10년 동안 난간이 있는 침대에 누워 지냈습니다. 목욕과 식사시간에만 아주 드물게 침대 밖을 나올 뿐 늘 한자리에서 지냈습니다. 보육원에는 자금과 인력이 부족했기 때문에 디에고는 세심한 돌봄을 받지 못했고 특별한 관심도 받지 못했습니다.

올바른 발달을 위해 꼭 필요한 환경과 자극이 없었기 때문에 디에고는 걷고 말하고 자기 몸을 깨끗이 하는 법을 전혀 배우지 못했습니다. 디에고는 사람들 틈에 살기는 했지만 어떤 관점에서 보자면 인간관계도 완전히 결핍되어 있었습니다. 마치 18세기 프랑스의 아베롱에서 발견된 후 이타르 박사가 돌본 야생소년과도 비슷한 처지였습니다. 디에고는 너무 오랜 시간 자극을 받지 못했기 때문에 언어, 조화로운 움직임, 사회성 등 인간적인 특성을 전혀 습득하지 못했습니다.

디에고는 우리와 함께 지내는 동안 사회적 관계에 대해 배웠습니다. 하지만 말하는 법과 움직임을 제어하는 법은 배우지 못했지요. 디에고는 걷거나 서지 못하고 혼자 밥을 먹지도 못합니다. 어떻게 보면 그가 버려졌던 나이에 아직도 머물러 있다고 할 수도 있지요. 디에고의 신체 운동능력과 언어는 생후 6개월 된 아기와 같으니까요.

브라질을 떠난 뒤로도 주기적으로 디에고의 소식을 들었고, 10년이 지난 후 디에고를 다시 만나러 가보았습니다. 디에고는 평화롭게 살고 있었지만 늘 그랬듯이 완전히 타인에게 의존하여 살고 있었습니다. 어린 디에고는 마치 감옥에 갇힌 것처럼 10년 동안 침대 속에서 관계를 박탈당한 채 살아오며 정신적 고통을 겪었을 겁니다.

지나간 민감기는 되돌릴 수 없다 --------------------------

디에고의 이야기는 극단적이기는 하지만 지나간 민감기를 '되돌릴 수 없다'라는 사실을 보여주는 좋은 예시입니다. 민감기는 언제 시작해서 언제 끝나는지 명확히 정해져 있지 않기 때문에 우리가 모르는 사이에 아이가 성장을 위해 자극을 '필요'로 하는 시기가 올 수도 있습니다. 따라서 아이가 잘되기를 그 누구보다 바라는 부모일지라도 필요한 자극을 충분히 제공하지 못할 수도 있지요.

다시 한번 말하자면, 이로 인해 안타까운 결과가 발생할 수 있습니다.

아이가 열심히 자라서 생후 8개월쯤 되면 드디어 대상영속성을 깨닫게 됩니다. 아이는 자신이 보고 있던 것이 눈앞에서 사라지더라도 계속 존재한다는 것을 깨닫게 되고, 자신이 보는 대상과 자기 자신을 구분할 수 있게 되지요. 질서는 아이가 대상영속성의 개념을 이해하는 데 도움이 됩니다.

아이는 살면서 다양한 경험을 합니다. 경험을 통해 얻는 지각이 규칙적이면 흡수한 지각을 선별하고 정리하는 데 도움이 됩니다. 아이는 지표를 이용하여 현실 속에서 자기 자리를 찾을 수 있습니다. 지표는 항상 같은 물건이 같은 자리에 있고, 같은 목소리를 듣고, 같은 냄새를 맡고, 같은 관심을 받는 것 등을 의미합니다. 안정감을 주는 환경은 아이의 정신적 발달을 돕습니다. 그러한 환경에서 아이는 평화롭고 차분하게 성장해나갑니다. 이후 질서가 확립된 환경은 질서 지표에 대한 인식을 돕고, 따라서 아이의 안정감과 자신감, 삶에 대한 신뢰감을 긍정적으로 형성하는 데 도움이 됩니다. 그러나 무질서한 환경에서는 질서 지표를 인식하는 것이 어렵고, 아이의 안정감과 자신감, 신뢰감이 제대로 형성되기 어렵습니다.

움직임에 대한 민감기

"아이는 움직이면서 자란다"라는 말이 있습니다. 쉼 없이 움직이는 아이 때문에 부모는 가끔 힘들어하기도 하지만, 움직임은 아이의 성장에 절대 빠질 수 없는 요소입니다. 움직이는 것 자체가 삶이지요.

아이가 자유롭게 움직이도록 해야 합니다.

아이의 특징은 움직임에 협응력이 떨어진다는 점입니다. 그리고 태어나자마자 빠르게 혼자서 움직일 수 있는 동물과 다르게 갓 태어난 아기는 자발적으로 움직일 수 없지요. 그렇지만 인간은 유일하게 두 발로 걷는 동물입니다. 이족보행은 훨씬 복잡한 움직임이어서 더 많은 단계를 거쳐 점진적으로 습득하게 되는 기술입니다. 하지만 두 발로 걷기 때문에 손을 자유롭게 사용할 수 있습니다. 손은 지능을 활용할 수 있는 소중한 도구입니다.

인간의 뇌세포는 생후 2년 동안 미엘린을 매우 활발하게 형성합니다. 아이는 두 돌이 될 때까지 머리부터 시작하여 아랫부분으로 점진적으로 발달하는 단계를 거치며, 걷고 달리는 법을 배우지요. 먼저 목을 가누고 그다음으로 허리를 세워 앉고 이후에는 두 발로 섭니다. 일단 한 발을 뗄 수 있게 되면 아이는 마치 콜럼버스처럼 신대륙 정복에 나섭니다. 그때부터 움직임은 신체 발달의 영역을 넘어 정신적인 성장의 밑거름이 됩니다. 아이는 이제 걸을 수 있어서 더욱더 다양한 경험을 할 수 있게 되었기 때문입니다.

움직임의 협응, 즉 몬테소리가 말한 '인지적인 움직임'을 위해서는 자극이 필요합니다. 몬테소리는 협응이 이루어진 움직임에는 목적이 있으므로, 이를 인지적인 움직임이라고 불렀습니다.

여러분은 앞서 디에고(92쪽)의 이야기를 통해 영유아기에 신체의 협응 능력을 키울 수 있는 관계에 노출되는 것이 얼마나 중요한

지 배웠습니다. 생후 4개월부터 열 살이 될 때까지 침대 밖으로 나오지 않았던 디에고는 결국 걷는 법을 배우지 못했습니다. 그 후 12년 동안 훈련을 했지만, 아직도 걷지 못합니다. 혼자서는 겨우 설 수만 있습니다. 근육은 자극을 받지 못해서 발달하지 않았고, 관절도 쓰지 않아 굽힐 수 없습니다. 신체 발달과 정신 발달 사이에는 끊임없는 상호작용이 이루어지며, 신체의 가소성과 뇌 가소성 사이에 연관 관계가 있습니다.

따라서 아이의 움직임을 존중해주어야 하고, 아이가 돌아다니면서 움직임을 발달시킬 만한 공간을 마련해주는 것이 중요합니다. 위험으로부터 아이를 지키는 것 외에는 전혀 쓸모없는 베이비룸을 설치하는 것이 과연 옳은 일인지 생각해보아야 합니다. 한 평도 채되지 않는 좁은 공간에 울타리를 치는 대신에 좀 더 넓은 공간을 아이에게 마련해주는 것이 어떨까요? 아이의 성장에 맞춰 공간을 바꾸면서 아이에게 안전하면서도 더 넓은 공간을 구성할 수도 있습니다.

마리아 몬테소리는 다음과 같이 생각했습니다.

"인간은 감정을 억제하고 주도적으로 인생을 살아가기 위해 스스로 만들어진다. 그리고 실제로 우리는 아이가 끊임없이 움직이는 것을 볼 수 있다. 아이는 정신과 움직임을 연계시키며 조금씩 움직임을 만들어가는 것이 분명하다. 성인은 사고에 따라 성숙하게 움직이지만, 아이는 사고와 행동을 조화롭게 성장시키기 위해 움직인다. (…) 결과적으로 아이의 움직임을 방해하는 사람이나 환경은 아이의 인격 형성에 걸림돌이 된다."[9]

움직임을 자극하는 것은 아이에게 움직임을 알려주는 것이 아니라 아이의 자유로운 움직임을 존중하는 것입니다. 아이는 마음껏 돌아다니면서 조심성을 배우고, 다치지 않게 넘어지는 법을 배우기 때문입니다. 과잉보호로 인해 움직임을 제한받는 아이는 어떻게 하면 위험한지, 자기가 어디까지 움직여도 되는지에 대해 잘 모르기 때문에 더 쉽게 위험에 빠질 수 있습니다.

언어에 대한 민감기

프랑수아즈 돌토(Françoise Dolto)의 유명한 저서 『언어가 모든 것을 결정한다(Tout est langage, 국내 미출간)』의 제목처럼 언어에 대한 민감기는 아주 중요합니다. 이 민감기는 아이가 태어나기 전부터 시작합니다. 아이는 태어나는 순간부터 언어에 노출되지만, 언어 구사능력을 가지고 태어나지는 않습니다. 그러나 언어를 만들어낼 수 있는 메커니즘을 가지고 태어나지요. 아이는 엄마의 배 속에서부터 주변 사

---

9 Maria Montessori, *L'Enfant dans la famille*, Desclée de Brouwer, 2007, 11장. (『가정에서의 유아들』, 다음세대, 1998)

람들의 목소리를 구별할 수 있습니다. 그리고 그들이 하는 말의 억양, 운율, 뉘앙스를 이해합니다.

언어에 대한 민감기는 총 세 단계에 걸쳐 진행됩니다.

- ★ 첫 번째 민감기는 태내기부터 시작하여 처음 단어를 말하기 시작할 때까지다.
- ★ 두 번째 민감기는 듣기와 말하기 기술을 습득할 때부터 읽기와 쓰기 기술을 습득할 때까지다(소리의 부호적 표현에 대한 민감성).
- ★ 세 번째 민감기는 문법에 대한 민감기다(단어의 성격과 기능, 문장 구조에 대한 민감성).

위에 언급한 세 단계는 단계별로 진행되며 폭발적으로 나타납니다. 아이는 다른 사람들이 하는 말을 조금씩 흡수하다가 어느 날 갑자기 말을 하기 시작합니다. 시간이 지나면서 말이 점차 가다듬어지지요. 그리고 몇 년 동안 읽기와 쓰기를 준비하다가, 어느 날 갑자기 단어를 알아보기 시작하고 한 단어 한 단어씩 써보면서 읽기와 쓰기 과정이 시작됩니다. 문법에 대한 민감기도 이와 같이 진행됩니다. 세 가지 민감기 모두 때로는 오랜 성숙 기간을 거친 뒤 시작됩니다. 간혹 민감기가 시작하는 순간을 눈치채지 못할 때도 있습니다.

언어에 대한 민감기에도 자극이 반드시 주어져야 합니다. 다른 동물은 태어날 때부터 의사소통을 할 수 있지만, 인간은 언어를 사용하는 법을 배워야 합니다. 아베롱에서 발견된 야생소년처럼 언어에 노출되지 않는다면 절대로 말하는 법을 배울 수 없습니다. 성대와 청각은 언어에 대한 민감기에 훈련해야 합니다. 그리고 이 시기에 언어가 필요한 모든 활동이 이루어져야 합니다.

12세기의 신성로마제국 황제 프리드리히 2세의 슬픈 에피소드를 보면 이러한 사실을 잘 알 수 있습니다. 프리드리히 2세는 6개 국어를 자유자재로 구사할 수 있었는데, 그는 인간이 '자연적으로' 습득하는 언어가 무엇인지 궁금했습니다.

그는 유모들에게 여섯 명의 갓난아기를 돌보되 아기들과 있을 때는 절대 말을 하지 말라고 명령했습니다. 프리드리히 2세는 아이들이 어느 날 갑자기 자연적으로 자기 고유의 언어로 말할 것으로 생각했습니다. 그는 아마도 그 언어가 라틴어나 그리스어일 것이라고 추측했습니다. 하지만 완전한 침묵 속에 갇힌 갓난아기들은 일찍 세상을 떠나고 말았습니다. 이 일화를 통해 소통은 인간의 삶을 좌우하며 언어는 개인의 정신세계를 형성한다는 사실을 알 수 있습니다.

생후 12개월경이 되면 아이는 하나의 단어를 이용해 상황에 맞는 문장을 만듭니다. 가족은 아이가 하는 말을 이해할 수 있지만, 낯선 사람들은 이해하지 못합니다. 생후 12개월에서 20개월 사이에도 한 단어로만 이루어진 문장을 만들지만, 다양한 상황에 맞게 문장을 구사할 수 있습니다. 그리고 좀 더 지나면 두 단어를 이용하여 문장을 만들고, 이후에는 세 단어를 붙여 사용할 수 있게 되면서 아이와 대화를 주고받기가 쉬워집니다.

만 2세 전후의 아이는 대부분 최소 200개 이상의 단어를 사용할 수 있으며, 어떤 아이들은 훨씬 더 많은 단어를 사용하기도 합니다. 그때부터 점점 더 긴 문장을 만들 수 있습니다. 아이는 처음에는 자신을 '아기'라고 칭합니다. 이후에는 책의 앞부분에서 언급한 것처럼 '나'라는 단어를 사용하기 전까지 자기 이름을 사용해 자신을 지칭합니다. 일인칭을 사용한다는 것은 자신의 정체성을 인식하는 새로운 인간이 탄생했다는 것을 의미합니다. 물론 만 2세가 되기 전에 자기 자신을 '나'라고 칭하는 아이도 있습니다.

아이는 다른 사람과의 관계 속에서 자신만의 언어를 만듭니다. 아이는 자기 주변 사람들이 쓰는 말이 간단하든 복잡하든, 혹은 다양한 어휘를 사용한 언어이든 아니든 간에 주변에서 들리는 말을 쉽게 흡수합니다. 그리고 자신의 환경에서 두 개 이상의 언어를 듣고 자라면, 그만큼 여러 언어를 흡수합니다.

아이가 습득하는 최초의 언어는 누군가가 가르쳐서 배우는 것이 아닙니다. 언어 습득은 단계별로 이루어집니다. 언어 습득의 한 단계인 대상을 손가락으로 가리키는 포인팅(pointing)도 인간의 특징 중 진정한 의사소통 과정에 해당합니다.

아이는 눈에 보이는 대상의 이름을 말하기 시작합니다. 그리고 그 대상이 보이지 않을 때는 그것을 떠올리기 위해 대상의 명칭을 말합니다. 즉, 언어가 발달하면서 아이는 부재하는 대상을 부를 수 있게 됩니다. 모든 종류의 언어 발달은 부재하는 것을 표현하는 상징적인 구성 과정입니다. 아이가 대상과 거리를 둠으로써 그 대상을 표현하고 명칭을 부를 수 있게 됩니다. 단어는 정신적인 활동의 기초를 이룹니다. 그리고 사고는 말을 통해 확장되지요.

아이를 언어에 최대한, 그리고 최선을 다해 노출시키는 것은 매우 중요합니다. 그리고 아이가 맺는 관계에 언어를 결합하는 것도 중요하지요. 이를 위해 아이에게 무슨 일이 있었는지 묘사하고, 알아들을 수 있는 말로 풀어 설명하고, 우리가 하는 행동 하나하나를 주저하지 않고 말로 표현해야 합니다. "기저귀 갈아줄게. 소매를 접어줄게. 이제 바지를 입을 차례야. 오른발 먼저 넣고 이제 왼발을 넣자. 짠, 발이 나왔네. 양말을 신겨줄게"와 같이 말이지요.

대상의 이름 부르기, 묘사하기, 이미지나 대상, 장면에 관해 대화하기, 책 읽기, 이야기 들려주기, 노래 부르기, 정확한 단어와 다양한 어휘를 사용해 대화하기, 세세하게 설명하기, 있었던 일을 말할 수 있도록 아이에게 자극 주기, 어려운 단어일지도 모른다고 지레짐작하지 않고 대상의 이름 알려주기, 아이의 감정을 말로 표현해주기, 아이가 감정을 표현할 수 있게 유도하기……. 이처럼 다양한 방법을 통해 언어를 풍부하게 발달시킬 수 있습니다.

언어에 대한 민감기를 존중하기 위해서는 특별한 이유 없이 지나치게 아이에게 조용히 하라고 하지 않는 것이 바람직합니다. 그리고 언어 민감기를 위한 모든 조언은 아이가 아주 어릴 때부터 실천하는 것이 좋습니다. 아이는 여러분이 생각하는 것보다 더 많은 것을 이해하기 때문입니다.

모방을 통한 언어 학습

셀린 알바레즈(Céline Alvarez), 블로그 〈어린이의 유치원(La maternelle des enfants)〉에서 발췌

1995년 다양한 사회·경제 계층에 속하는 42개의 가정을 대상으로 흥미로운 연구가 진행되었습니다. 각 가정에서 이루어진 아이와 성인 사이의 상호작용을 수백 시간 동안 기록했고, 그 결과 모방을 통한 언어 학습의 힘이 증명되었습니다. 연구에 참여한 아동의 나이는 생후 7개월부터 만 3세까지였습니다. 연구 결과 만 3세까지의 아동이 사용하는 단어의 86~98%는 부모가 사용하는 어휘를 그대로 모방한 것이었습니다.

또 다른 내용도 밝혀졌습니다. 아이들이 사용하는 단어의 종류뿐만 아니라 사용하는 어휘의 개수, 대화의 길이와 화법도 부모가 사용하는 것과 같다는 것이었습니다. 예를 들어 소외계층 가족의 부모는 짧은 문장을 사용하는 경향이 있지만 (…) 소득이 더 높은 가정의 부모는 다양한 주제에 대해 아이와 긴 대화를 했습니다.

우리는 원하든 원치 않든 간에 사소한 것들, 다시 말해 우리가 일상에서 말하고 행동하고 반응하는 방식에 크게 신경 쓰지 않는다는 사실을 인정해야 할 것입니다. 이렇게 사소한 것들이 아무런 필터 없이 우리 아이들의 능력과 태도를 형성하는데 말이지요.

아이는 어른의 거울

달리 말하자면, 우리의 태도와 자세가 아이의 태도와 자세를 만든다고 할 수 있습니다. 사람들은 이러한 사실에 관해 이야기해야 합니다. 그리고 이를 널리 알리고 이해해야 합니다. 이제 우리는 학교에서와 마찬가지로 집에서도 올바르게 행동해야 합니다.

감각에 대한 민감기

아이는 다양한 경험을 합니다. 아이의 감각은 세상에 대한 이해를 돕는 열쇠입니다. 하지만 아이가 하는 감각적인 경험과 표현은 셀 수 없이 많고 매우 다양합니다. 만 6세쯤까지도 감각에 대한 민감기는 계속되지만, 아이는 지각을 정제합니다. 즉, 자신이 지각한 것을 통합하고 선별하고 이름을 붙이고 분류합니다. 아이의 지각은 점점 세련되게 발달합니다. 느낌을 말로 표현하면서 아이는 감정의 개념을 이해할 수 있고, 이를 통해 감정을 더 잘 조절할 수 있게 됩니다.

감각이 단련되면서 지능도 단련됩니다. 이 과정은 아이의 발달에 있어 핵심적인 과정입니다. 아이가 자라는 환경에 많은 자극이 주어질수록 아이의 감각은 더 발달합니다. 짝맞추기, 구분하기, 순서대로 나열하기, 구별하기 등 많은 놀이 활동을 통해 아이는 감각 경험을 분류할 수 있게 됩니다. 주변 환경에서 주어지는 감각 경험을 많이 할 수 있게 하는 것이 좋으며, 특히 아주 어릴 때부터 다양한 감각 자극을 주는 것이 바람직합니다(227쪽 참조).

작은 사물에 대한 민감기

우리는 혹시라도 아이가 작은 물건을 삼켜버리지는 않을까 늘 걱정합니다. 그런데 아이가 작은 물건에 갖는 특별한 관심을 왜 눈치채지는 못할까요?

작은 물건에 대한 아이의 관심은 감각의 단련과 감각 예민성과 관련이 있습니다. 그래서 아이에게 작은 물건을 주고 탐색할 수 있도록 하는 것이 바람직합니다. 물론 항상 잘 지켜보아야 하지요. 아이는 씨앗, 작은 식물, 작은 피규어나 인형, 조개껍질, 심지어는 망가진 물건의 파편까지도 좋아합니다. 아주 작은 물건이라면 무엇이든 아이의 관심을 끈답니다.

사회적 관계에 대한 민감기

인간은 본질적으로 사회적인 존재입니다. 생물학적 필요만 충족해서는 살아갈 수 없습니다. 인간은 짝을 이루어 관계를 맺고 살고자 하는 욕구가 큽니다. 생존을 위해, 그리고 잘 성장하기 위해 아이에게는 사람이 필요합니다. 아이는 주기적으로 타인과 관계를 맺고 싶어 합니다. 특히 태어난 후 한동안은 어른에게 매우 의존적이며, 점점 그 정도가 약해지기는 하지만 아주 오랫동안 어른에게 의존하며 살아갑니다.

아이는 태어나서 1년 동안은 자기 자신과 엄마를 구분하는 법을 배웁니다. 그리고 점차 자신의 개체성을 인식하게 되지요. 이후 생후 2~3년이 되면 자기주장이 강해지며 자기 자신을 삼인칭으로 일컬어 말하기 시작합니다.

만 6세경이 되면 자아의식을 갖고 타인을 의식합니다. 주변 사람들에게 많은 것을 받았기 때문에 이제 다른 사람에게 자신의 것을 나누어줄 준비가 되어 있습니다. 아이는 이제 타인을 다른 시선으로 바라보게 됩니다. 타인을 도우려고 하지요. 이렇게 성장하려면 아이에게는 자신감이 필요합니다. 특히 아주 어릴 때 자신감을 키워주어야 합니다.

아이는 사회적 관계에 대한 민감기를 거치며 자아를 구성합니다. 마리아 몬테소리는 이러한 현상에 대해 아이가 민감기에 방해를 받지 않는다면 자연스러운 과정에 따라 '충동적인 내적 생명력'을 얻게 된다고 설명했습니다. 몬테소리는 이러한 생명력 덕분에 아이가 환경 속에서 자신에게 좋은 것을 선택하는 무의식적인 의지를 갖게 된다고 주장했습니다. 그리고 이 생명력을 '호르메 (horme)'라고 불렀습니다. 아이는 마치 자신을 이끄는 '내적 안내자'를 따르듯이 호르메를 따르지요.

"민감기가 지나는 동안 아이는 모든 사물과 관계를 맺으려고 하는 억누를 수 없는 충동을 느낀다. 이를 환경에 대한 사랑이라고 할 수 있다. 이 사랑은 우리가 흔히 느끼는 감정을 의미하는 사랑과는 다르다. 아이의 사랑은 지성에 대한 사랑이다. 아이는 이러한 사랑을 통해 보고 흡수하고 성장한다. 이 사랑은 아이가 주변을 관찰하게 이끄는 힘이다. 이는 단테의 표현을 빌려 '사랑을 이해하는 힘' 이라고 할 수 있다."

마리아 몬테소리,
『어린이의 비밀』

민감기를 이해하면 아이가 어떻게 폭발적으로 성장하는지 더 쉽게 파악할 수 있습니다.

또한 민감기를 잘 이용하여 아이가 쉽게 배우고 조화롭게 성장할 수 있도록 도울 수 있습니다. 이를 위해서 각각의 민감기에 맞는 양질의 자극을 주어야 합니다. 적절한 자극은 신체기관이 '제 기능'을 할 수 있게 시동을 걸어줍니다. 만약 자극이 주어지지 않는다면 심리적 불안(과수면, 악몽, 퇴화 등)을 초래할 수도 있습니다.

인간의 경향성

인간에게는 경향이 있습니다. 경향성은 자신의 행동에 영향을 미치는 본능이며, 이러한 본능은 자기 종족에게 내재된 충동(예를 들면 자기방어 기재와 생존본능 등)을 일으킵니다. 동물은 인간과 비교하면 훨씬 본능에 충실하며 태어나면서부터 가지고 있는 선천적인 성향을 따라 행동합니다. 예를 들면 철새가 떼를 지어 이동하는 것처럼 말이지요.

사람은 모든 것이 미리 결정된 상태로 태어나지 않습니다. 살아가는 환경이 사람에게 영향을 미치고 본능과 사고를 발달시키지요. 사람은 다양한 경향성을 지닙니다. 그중에 어떤 경향성은 선천적으로 유전되기도 하고 후천적으로 습득되기도 합니다.

마리아 몬테소리는 인간의 경향성에 대해 많은 연구를 했습니다. 특히 그녀의 아들 마리오는 자신의 어머니처럼 인간 성향에 대해 많은 관심을 쏟았고 이 주제에 대한 자신의 견해를 넓혀갔습니다. 그는 인간의 경향성을 알아내고 분류했습니다.

인간의 기본적인 경향성으로는 능동적인 삶(혹은 주변 환경을 변화시키려고 노력하는 삶), 방향성, 정확도, 언어와 소통, 단체생활, 탐색, 관찰, 추상, 자기완벽주의, 상상, 질서와 수학적 정신, 반복, 적응, 이해 연구, 정신적 고양, 도덕적 지향 등이 있습니다.

아이를 키울 때는 인간의 기본 경향성을 고려해야 합니다. 왜냐하면 아이가 잘 성장하기 위해서는 아이의 기본적인 성향에 맞춰 주변 환경을 마련해주는 것이 바람직하기 때문입니다.

이건 꼭 명심하세요!

영아는 여러 발달단계를 거치며 성장하고, 아이의 발달에 가장 적절한 도움을 주려면 아이의 발달단계를 이해하는 것이 바람직합니다.

★ 마리아 몬테소리는 흡수하는 정신은 아이의 기본적인 특징이라고 주장했습니다. 흡수하는 정신이란, 환경에서 주어지는 것에 따라 아이가 주변의 모든 것을 흡수하며 축적한 경험을 통합하면서 자아를 구축할 수 있게 하는 정신 상태를 의미합니다. 아이는 이러한 능력 덕분에 '자기 시대의 사람'이 될 수 있습니다. 자기 시대의 사람이란 사는 장소와 시대에 맞는 사람을 의미합니다. 또한 자기만의 성격을 만들어갈 수 있지요.

★ 민감기는 아이가 적절한 시기에 주변 환경 중 자신의 발달에 필요한 특정 요인에 관심을 가지게끔 하는 내적인 경향입니다. 따라서 민감기를 존중하는 것은 매우 중요합니다. 주요 민감기로는 질서, 움직임, 언어, 감각, 작은 물건, 사회적 관계 등에 대한 민감기가 있습니다.

"아이가 집중하는 소중한 순간을 이해하는 법을 배우고, 그 이해를 바탕으로 아이가 집중력을 학습에 사용할 수 있도록 해야 한다. 분명 이것이 모든 교육의 열쇠다."

3

0세에서
만 3세 아이에게
필요한 것

아 이는 자발적으로 배우고 정신적으로 성장하기 위해 끊임없이 탐색하라고 자신을 충동하는 내면의 이끌림을 본능적으로 따릅니다. 내면의 충동을 잘 따르기 위해서는 세 가지 기본 조건을 충족해야 합니다.

★ 집중
★ 제약이 있는 자유
★ 개체로서 자신에 대한 인식

집중

마리아 몬테소리는 아이가 발견해야 할 첫 번째 길은 바로 집중이라고 말했습니다. 아주 어린 아기도 집중력을 발달시켜야 할 필요가 있습니다. 집중력은 조화로운 성장의 핵심 열쇠입니다.

우리의 고정관념과는 다르게 **아이는 태어날 때부터 집중할 수 있는 능력이 있습니다.** 아이가 다른 데로 관심을 돌리는 것은 환경의 영향을 받기 때문이지요. 모든 경험을 통해 아이가 받는 다양한 자극 또한 아이의 주의를 분산시키기도 합니다. 그러나 아이의 잠재력이 다 발휘되지 않아도 아이는 집중할 수 있습니다. 아이는 집중하면서 자신의 집중력을 더 키웁니다. 그리고 집중을 지속하는 시간도 길어지고 집중하는 빈도도 더 잦아집니다. 모든 기술이나 능력과 마찬가지로 집중력도 연습이 필요합니다.

집중력이 무엇인지, 그리고 집중력이 아이의 성장에 얼마나 중요한지 잘 아는 부모는 단지 아이가 자발적으로 하는 활동을 존중함으로써 집중력을 키워줍니다. 아이는 자신이 좋아하고 선택한 활동을 하는 동안 집중할 수 있는 모든 에너지를 모으기 때문입니다. 아이는 어떤 대상을 선택하고 집중하게 하는 내면의 충동을 따릅니다. 아이는 내면의 충동을 따라 자연스럽게 자기의 모든 관심을 집중하는 활동을 하면 동기부여가 되고 오랜 시간 집중을 지속할 수 있습니다. 모든 것의 출발점은 바로 아이의 흥미입니다.

흥미 → 관심 → 반복 → 집중 → 내면 구축

아이는 자기의 관심을 끄는 것에 집중합니다. 집중력은 아이의 내면이 활발히 활동한다는 것을 바깥으로 보여주는 신호입니다. 아이는 물리적으로 경험을 수집하고, 이 경험을 통해 정신적인 이미지를 만들고 신경(시냅스)을 연결합니다. 아이는 사물(모빌, 식물, 햇빛)을 보고 소리를 듣고 장난감을 만지거나 물건을 건드리는 행동을 하면서 집중할 수 있습니다. 아이가 관심을 가지고 하는 행동은 모두 집중력을 키웁니다. 아이가 집중할 때 방해하지 않으면 타고난 집중력을 유지할 수 있을 뿐만 아니라 강화할 수도 있습니다. 아이에게 집중력이 있다는 사실을 아는 것만으로도 아이의 집중력을 키우고 존중하는 데 도움이 됩니다. 아이와의 관계에서는 아이에게 너무 많이 묻지 말고 자발적으로 하는 행동을 제지하지 않아야 합니다. 아이가 아주 어릴 때부터 차분하게 집중할 수 있고 그렇게 할 필요가 있다는 사실을 이해해야 합니다.

아이가 학교에 다니는 나이가 되어서 학습 활동을 스스로 선택하고 자기만의 속도로 반복할 수 있게 되면 학습에서도 집중력을 발달시킬 수 있습니다. 이 책이 영유아에 관한 책이지만 아동·청소년기를 간단히 언급한 이유는 아이의 장기적인 목표를 이해하면 아이가 집중하고 성장하는 데 더 좋은 도움을 줄 수 있기 때문입니다.

집중력을 잘 발달시킨 아이는 자유로운 아이, 그리고 몬테소리의 표현에 따르면 '정상화된' 아이로 자랍니다. 정상화된 아이란, 자신의 에너지를 자기 발달에 쓰고, 나아가 사회적 환경을 위해 사용할 수 있는 아이를 일컫습니다. 집중은 목적 그 자체가 아니라 사회화의 첫걸음입니다.

"아이가 집중하는 소중한 순간을 이해하는 법을 배우고, 그 이해를 바탕으로 아이가 집중력을 학습에 사용할 수 있도록 해야 한다. 분명 이것이 모든 교육의 열쇠다. (…) 아이를 가르치는 방법은 오직 하나뿐이다. 가장 깊은 흥미를 자극하는 동시에 강도 높고 지속적인 관심을 끌어내는 것이다. 아이 내면의 힘을 이용하는 것만이 유일한 방법이다. 과연 그렇게 할 수 있을까? 충분히 가능한 일이며 필요한 일이기도 하다. 집중을 유도하기 위해 점진적으로 관심을 자극해야

> **"아이가 집중하는 소중한 순간을 이해하는 법을 배우고, 그 이해를 바탕으로 아이가 집중력을 학습에 사용할 수 있도록 해야 한다. 분명 이것이 모든 교육의 열쇠다."**
>
> 마리아 몬테소리, 『가정에서의 유아들』

한다. 처음에는 감각 기관을 통해 쉽게 지각할 수 있는 대상을 이용하는 것이 좋다. (…)"[10]

정신 활동을 집중시키기 위해 아이의 관심을 유도하려면 부모는 아이에게 관심을 가져야 합니다. 다시 말해 아이를 세심하게 배려하고 존중해야 하지요. 부모가 아이에게 쏟는 관심의 질이 높아질수록 집중력의 질이 향상됩니다. 아이와 함께 있을 때 우리의 태도에도 주의해야 합니다. 세심하게 신경 써서 조성한 '분위기', 다시 말해 좋은 환경 속에서 아이는 내면을 조직화할 수 있습니다.

아이가 집중할 수 있게 하는 것은 아이가 지적인 영양분을 스스로 공급하고 평온하게 성장할 가능성을 주고 아이가 세상에 열린 사람이 될 수 있도록 북돋아주는 것입니다. 다시 한번 말하자면, 아이가 하는 활동이 조직적이고 목표가 있는 일이라면 자발적으로 하는 활동을 존중해주어야 합니다.

---

10 Maria Montessori, *L'Enfant dans la famille*, Desclée de Brouwer, 2007, 제6장. (『가정에서의 유아들』, 다음세대, 1998)

집중에 관한
이야기

파트리시아 스피넬리(Patricia Spinelli), 마리아몬테소리 고등연구소(ISMM) 소장

아이의 성장과 발달은 우리가 아이에게 쏟는 관심의 질에 따라 달라집니다. 깊은 관심을 쏟지 않는다면 아이의 내면에서 일종의 '잡음'이 끊임없이 들리거나 아이가 우울감이나 좌절감 같은 것을 느끼는 모습을 보게 될지도 모릅니다.

아이에게 수유하거나 밥을 먹일 때 충분한 관심을 주지 않으면, 절대로 충족되지 않는 식탐과 애정 결핍이 생기기도 합니다. 아이는 절대적으로 필요한 만큼 부모의 시선을 받지 못하면, 자신이 충분히 먹지 못했고 정신적 영양분을 공급받지 못했다고 느낄 수 있기 때문이지요. 부모의 눈길을 받을 때 아이는 자신이 혼자라고 느끼지 않고 지지받는다고 생각합니다. 그리고 부모의 지지는 아이가 나중에 혼자 있을 때 아이를 든든하게 지켜줍니다. 아이는 자신이 어려운 시기도 이겨낼 수 있을 만큼 강하다고 느끼고, 나중에는 '자신이 져야만 하는 고독감'을 받아들이게 됩니다. (…)

집중은 인식, 즉 우리가 지금 여기 있다는 사실에 대한 인식의 미묘한 지점인 것은 아닐까요? 외부 세계와 내부 세계의 조화를 근본적으로 경험하는 것은 아닐까요? 이 미묘한 지점에서 어쩌면 우리는 유토피아에 있는 무엇인가에 도달했을지도 모릅니다. 유토피아는 비록 어디에도 없는 존재하지 않는 세계지만, 우리 스스로 진가를 발휘할 수 있게 해주고 존재의 가능성을 열어줍니다.

제약이 있는 자유

마리아 몬테소리는 세상에 대한 '우주적인 시각'을 가지고 있었습니다. 몬테소리는 세상은 자연의 법칙에 따라 끊임없이 움직이면서도 영원한 균형을 유지하는 하나의 개체라고 생각했습니다.

몬테소리의 우주 교육은, 인간은 우주에 속해 있고 공동의 선을 위해 특정한 규율을 따른다는 것을 전제로 합니다. 몬테소리는 우주를 위해 인간 개개인이 적성을 찾을 필요가 있다고 주장했습니다. 모든 아이는 자신만의 목표가 있고 발달 계획이 있으며, 이는 오직 아이가 자신의 본능을 따라 스스로 선택하며 자유롭게 성장할 때만 실현할 수 있기 때문입니다. 따라서 자유는 마리아 몬테소리의 사상 중 핵심적인 개념이라고 할 수 있습니다.

우리는 흔히 규율이 많아질수록 자유는 줄어든다고 생각합니다. 하지만 몬테소리는 그와 반대로 생각했습니다. 몬테소리는 두 개념이 본질적으로 연결되어 있으며 상호의존적이라고 생각했습니다. 그리고 아이가 내면의 자유를 구축할 수 있도록 규율과 자유가 대등하게 주어져야 한다고 생각했지요.

아이는 자신을 스스로 통제하면서 자유로워집니다. 다시 말해 자기 자신과 타인을 점점 의식하고, 문화를 흡수하고, 자신이 사는 사회의 규칙을 이해하고 받아들이고 지키면서 자신의 본능에서 벗어납니다. 이러한 과정을 통해 아이는 자신에게 한계를 주는 동시에 자유로운 존재가 됩니다. 즉, 우리의 자유는 우리를 제약하고, 우리의 한계는 우리를 해방하는 것입니다.

자유롭다는 것은 아무것도, 그 누구도 신경 쓰지 않고 하고 싶은 대로 하는 것이 아닙니다. 오히려 반대로 자유는 나의 필요와 타인의 필요를 충분히 고려한 상태에서 뭔가를 하고자 하는 마음을 의미하며, 자연과 인간의 법칙을 인식하는 내면의 자유를 따르는 것입니다.

자유로워지는 법 배우기

모든 아이는 여러 단계를 거쳐 자유를 구축해갑니다. 만 3세까지는 한계가 있다는 사실을 이해하는 법을 배웁니다. 만 6세까지는 규율을 습득하고 만 12세까지는 책임을 지는 법을 배웁니다. 만 18세쯤이 되면 자유와 책임을 전반적으로 이해하고, 그때부터는 자유의사에 따라 인생의 중요한 결정을 할 수 있습니다. 성인이 되면 타인의 권리를 해치지 않고 한계를 지키며 자유롭게 자기 결정을 할 수 있습니다.

아이를 자유로운 존재로 키우기 위해 꼭 아이를 혼자 내버려두어야 하지는 않습니다. 그보다는 아이에게 자유롭게 행동할 수 있는 환경을 제공해주어야 합니다. 아이에게 자유를 주는 것은 자연스러운 발달에 방해가 되는 요소를 제거하는 것입니다. 아이에게 단호하면서도 유

연한 틀을 만들어주어 독립심을 키울 수 있게 해주는 것이지요. 독립심은 자유로 가는 첫걸음입니다. 아이가 한계와 제약을 쉽게 받아들일 수 있도록 세심하게 한계를 설정해야 합니다. 한계를 받아들이는 것은 모든 사회에 적응할 때 항상 필요하기 때문입니다.

정해진 틀 없이 자유를 주는 것은 자유가 없는 것보다 더 나쁠 수도 있습니다. 자신이 원하는 것을 다 하는 사람은 자유로운 사람이 아닙니다. 외로운 사람이지요. **아이를 자유로운 존재로 키우는 것은 원하는 대로 다 하게 해주는 것이 아닙니다. 자신이 하는 것을 원하는 아이로 만드는 것입니다.** 그렇다고 해서 부모가 아이를 위해 아무런 선택도 하지 않는 것을 의미하지는 않습니다. 아이는 자신을 바라보는 따뜻한 시선과 계획이 뒷받침되어야만 긍정적으로 성장할 수 있습니다.

0세에서 만 3세 사이 아이를 둔 부모는 아이의 자유와 주도적인 행동을 수용해야 하고, 아이는 제약을 받아들여야 합니다. 아이는 해도 되는 일과 하지 말아야 하는 일에 대한 명확한 기준과 한계가 있어야 성장할 수 있습니다. 일상생활 중 목적이 뚜렷하고 움직임이 필요한 활동을 매일 할 수 있도록 응원해주세요. 이러한 활동을 통해 아이의 내면에서는 자아와 사고를 구축하는 구조화 작용이 일어납니다.

자유는 궁극적인 목적이 아니라 아이가 자유로운 개체로서 인간성을 함양할 수 있게 하는 기나긴 과정입니다. 이를 위해 아이는 주변 환경을 탐색하게끔 자신을 이끄는 생명력을 지니고 태어납니다.

아이는 태어날 때부터 이런 강한 에너지를 받아들일 준비가 되어 있습니다. 그리고 이 생명력이 체계적으로 실현되기 위해서는 질서와 평화가 필요하지요. 그래서 우리는 복종과 온순함의 개념에 대해 생각해볼 필요가 있습니다.

자유, 복종, 온순함과 변덕

세 돌도 채 지나지 않은 아이에 대해서 아이가 순하냐는 질문을 하는 이들이 종종 있습니다. 그런데 '온순하다'라는 것은 무엇을 의미하는 걸까요? 말을 잘 듣는다는 것을 의미할까요? 복종을 잘하는 것을 그렇게 표현한 것일까요? 부모를 귀찮게 하지 않도록 잘 길들여졌다는 것일까요? 그런데 아직 세 살도 안 된 아이가 순종적이기만 할 수 있을까요?

우선 다음 질문에 대해 생각해봅시다. 복종이란 무엇일까요? 명령을 따르거나 다른 사람의 요구에 긍정적으로 응하는 것일까요? 복종이란 꼭 보상이 따르지 않아도 타인을 위해 자신의 의지와 자유를 부정하는 것을 의미합니다. 이러한 행위는 자기 자신과 타인에 대한 인식이 있을 때 가능하지요.

만 2~3세의 아이는 아직 내면이 그만큼 성숙하지 못했기 때문에 어린아이가 복종하지 않는다고 한탄해봤자 아무런 소용이 없습니다. 복종하기에는 너무 어리기 때문이지요.

> **"아이는
> 자연에 복종한다.
> 아이가 자연에
> 복종할수록 우리의
> 눈에는 제멋대로
> 행동하는 것처럼
> 보인다."**
>
> 마리아 몬테소리,
> 『1946년 런던 강연록』

아이는 자기를 진정으로 인식하고 난 뒤에야 자기 의지를 행할 수 있습니다. 마리아 몬테소리는 아이의 의지를 무의식적인 힘의 표현이라고 했으며, 이를 '호르메'라고 불렀습니다. 호르메는 아이가 잘 발달할 수 있도록 주변과 관계를 맺고 행동하도록 아이를 부추기는 추진력을 의미합니다. 호르메는 행동하게 하는 생명력입니다. 내부에서 시작된 힘은 아이를 이끌고 외부의 요구에 복종하는 것을 방해합니다.

우리는 아이의 충동을 이해하고 충분히 고려해야 할 의무가 있습니다. 그러려면 생텍쥐페리의 『어린 왕자』의 열 번째 장에 등장하는 왕처럼 불가능한 것은 강요하지 않아야 합니다. 어린 왕자가 방문한 별의 주인인 왕은 오직 할 수 있는 일과 자연의 법칙에 맞는 일만 명령합니다. 그는 누군가를 복종시키기 위해 사람들이 자신에게 복종한다는 사실을 뽐내지 않습니다.

그런데 그 복종의 대상이 누구인지에 대해 생각해보아야 합니다. 아이가 우리에게 복종해야 할까요? 아니면 조화롭게 발달하기 위해 자연의 법칙을 따라야 할까요? 몬테소리는 다음과 같은 의문을 제기했습니다.

"자기 자신의 의지에도 복종하지 못하는 사람이 어떻게 타인의 의지에 복종할 수 있을까?"[11]

이 작은 아이가 나에게 복종한다고 의기양양하는 것은 아무런 의미가 없습니다. 아이가 우리 말에 복종한다고 말하려면 최소한 세 돌은 지나야 합니다.

몬테소리는 복종의 3단계에 관해 설명했습니다.

★ **복종의 1단계**는 아이의 자아가 형성되는 시기(만 2~3세)부터 시작한다. 이 단계에서 부모에게 복종하는 때도 간혹 있지만, 우연의 일치인 경우가 대부분이다. 아이는 복종하는 연습을 하는 중이지만, 항상 그런 것만은 아니다. 아이에게 우선순위를 자주 알려주어서 아이가 의식적인 자기 의지를 완벽하게 구축할 수 있도록 도와준다.

★ **복종의 2단계**는 좀 더 이후에 나타난다. 복종의 2단계에는 아이 내면의 의식적인 의지가 외부의 요구에 응하기 위해 반응할 수 있다. 그렇다고 해서 아이에게 너무 많은 것을 요구하지는 말아야 한다. 아이는 아직도 자아를 만들어가고 있다.

★ **복종의 3단계**는 더 많은 시간이 흐른 뒤에 나타난다. 만 4~5세쯤 되면 아이는 자신에게 지시하는 사람 중 신뢰하는 이에게 자기의 의지 중 일부를 넘길 수 있다. 사실 복종은 신뢰를 바탕으로 한다. 복종하는 아이는 어른이 자신이 성장하는 데 도움을 준다는 사실을 알고

---

11 Maria Montessori, *L'Enfant dans la famille*, Desclée de Brouwer, 2007, 제7장. (『가정에서의 유아들』, 다음세대, 1998)

있으므로 어른을 믿을 수 있다. 그리고 다른 사람의 의지를 따르면 그 대가로 자유를 누릴 수 있다는 사실을 믿는다. 아이가 자기 자신을 인식하고 어른을 신뢰하기 시작하면, 어른의 의지를 위해 자신의 의지를 잠시 포기하고 위임할 수 있다.

규율은 자유와 마찬가지로 사랑, 신뢰, 무한한 인내 속에서 이루어지는 오랜 과정입니다. 그래서 우리가 사용하는 단어를 선택할 때 주의해야 하고, 적절한 시기가 되기 전에 온순함이나 복종에 대한 말은 하지 않는 게 좋습니다. 특히 우리의 의지에 반하는 아이의 모든 반응을 '변덕'으로 치부하지 않아야 합니다.

변덕에는 두 가지 종류가 있습니다. 하나는 우리가 일반적으로 '변덕'이라고 부르는 것입니다. 다른 하나는 아이가 성장하도록 충동하는 내면의 힘을 거슬러서 타인의 의지를 받아들이라고 강요할 때 아이가 느끼는 강한 좌절감을 '변덕'이라고 칭합니다.

아이가 자연스러운 발달을 방해하는 요인(불필요한 도움)에 대해 격렬하게 화를 표출하는 모습이나 '지속적인 억압에 대항'[12]하는 것을 보고 우리는 아이가 '변덕'을 부린다고 하기도 합니다. 아이는 기본 욕구가 충족되지 않을 때 변덕을 부립니다. 아이가 변덕을 부린다고 엄하게 혼내거나 무시하기보다는 불편함에 대한 아이의 표현 방식, 즉 불편함의 징후라고 생각하고 아이를 살펴야 합니다. 강압적인 태도

---

12 Maria Montessori, *L'Enfant*, Desclée de Brouwer, 2006. (『어린이의 비밀』, 지식을 만드는 지식, 2014)

는 고통스러워하는 아이의 울음에 대한 해결책이 될 수 없습니다. 아이가 무엇을 말하고 싶은지 이해하도록 노력하는 것이 좋습니다.

아이는 이해받는다는 느낌이 들면 즉각적으로 폭력적인 반응을 멈춥니다. 어떤 이는 이러한 현상을 보고 아이가 '굴복'했다고 표현하기도 합니다. 마치 교육이 힘겨루기인 것처럼 말이지요. 그보다는 교육이 도움된 것이라고 생각하는 편이 더 나을 것 같습니다. 아이가 자신이 이해받는다고 느끼고, 변덕스러운 행동을 스스로 그만두는 법을 배우면 '버릇없다'거나 '제멋대로'가 아니라 오히려 그보다는 자신감이 있는 아이로 자라지요. 몬테소리는 "아이가 하는 신비스러운 반응을 모두 변덕이라고 치부하는 것은 쉬운 일이다. 아이의 변덕을 해결해야 하는 문제, 즉 풀어야 하는 수수께끼처럼 중요하게 생각해야 한다. 이처럼 새로운 태도로 변덕을 부리는 아이를 대하면 어른은 도덕적으로 고양될 수 있다"[13]라고 서술했습니다.

"하지만 우리는 그 어떤 방법으로도 아이의 변덕을 고칠 수 없다는 것을 알고 있다.

설교를 늘어놓아도, 벌을 주어도 소용이 없다. 이는 열이 난 사람에게 체온을 내리지 않으면 몽둥이로 때리겠다고 협박하며 건강해야 한다고 말하는 것과 같다."

마리아 몬테소리, 『어린이의 비밀』

---

13 Maria Montessori, *L'Enfant*, Desclée de Brouwer, 2006, 제8장. (『어린이의 비밀』, 지식을 만드는 지식, 2014)

우리가 '변덕'이나 나쁜 행동이라고 여기는 것 중 대부분은 아이가 자기가 원하는 대로 행동하고 싶다는 것을 표현하는 신호입니다. 아이가 최대한 독립적으로 행동할 수 있도록 아이가 보내는 신호를 잘 파악하고, 특히 아이를 너무 부추기거나 유도하지 않도록 해야 합니다.

아이의 변덕을 귀 기울여야 할 목소리가 아니라 고쳐야 할 문제로 여기고 끊임없이 억압한다면, 장기적으로 볼 때 아이가 탈선(정신착란, 현실도피, 과잉흥분, 억제 등)할 수 있는 위험도 있습니다.

몬테소리는 아이에게 물건에 손대지 말라고 하거나 시끄럽게 하지 말라고 하면서 아이를 '방해꾼' 취급하는 어른이 지나치게 많다는 점을 지적했습니다. 그녀는 아이가 권리를 박탈당한 사람이라고 강한 표현을 사용하기도 했습니다. 물론 몬테소리가 『어린이의 비밀』을 집필한 1936년부터 상황이 많이 개선되기는 했지만, 아이가 우리의 소소한 안락함을 방해한다고 생각하는 시선은 지금도 만연합니다. 어른은 자기의 세계를 뒤흔든 아이로부터 자신을 스스로 지키기 위해 무의식적으로 자기방어적인 사고를 키웁니다.

그런데 아이는 인류 미래의 열쇠라고 하지 않았나요? 아이의 민감기를 존중하고 아이를 움직이는 중대한 도약기에 맞추어 아이가 성장한다면, 그것은 큰 기쁨이고 우리의 미래도 밝게 빛나지 않을까요? 행복한 아이보다 더 감동적이고 세상을 밝게 물들일 수 있는 존재가 또 있을까요?

자아 인식과 독립 지향성

아이의 정신세계는 관계, 움직임의 협응, 언어 발달을 통해 아주 어릴 때부터 발달합니다. 몬테소리는 신생아를 정신적 태아라고 칭했습니다. 정신적 태아란 인간이 신체적으로는 세상에 태어나지만, '정신과 신체가 하나'가 되기 위해서는 정신이 성숙해져야 한다는 것을 의미합니다. 몬테소리는 자신의 저서 『가정에서의 유아들』의 3장에 다음과 같이 기록했습니다.

"육화(incarnation)는 신생아가 타고난 몸을 활성화시키는 에너지의 신비로운 과정이다. 육화를 통해 아기는 팔과 다리를 움직일 수 있고, 말하는 능력을 얻게 되고, 움직일 힘과 자신의 의지를 표현할 수 있는 능력을 키우게 된다."

다시 말해 정신과 신체가 하나가 되면 아이는 주변과 자신을 구별할 수 있게 되지요. 그녀는 인간을 오랜 시간 비밀스러운 아틀리에에서 피땀 흘려 만들어낸 예술작품으로 비유했습니다.

"인간은 손으로 빚어낸 작품과 같다. 모두가 사람마다 다르고, 각자가 자신을 스스로 자연의 예술작품으로 만들어내는 창조자의 정신을 지닌다."

인간은 공장에서 찍어낸 공산품이 아닙니다. 아이는 태어나서 만 3세가 될 때까지, 즉 육화가 이루어지는 동안 집중적으로 발달하며 인격을 형성하기 때문에 이 시기 동안 아이를 세심하게 잘 돌보는 것이 중요합니다. 아이는 부모가 지나치게 개입하지 않고 스스로 할 수 있도록 도와주기만 한다면 스스로 성장합니다.

갓 태어난 아이는 우선 주변의 애정, 따뜻한 시선과 우유가 필요합니다. 이는 아이에게 엄마 배 속과 같은 환경을 만들어주는 것이지요. 생후 3개월 동안 아이에게 필요한 것은 기본적인 안정감을 형성하는 것입니다. 그래야 이후에 아이가 잘 성장할 수 있지요. 아이는 몸짓, 시선, 돌봄의 손길이 필요합니다. 그리고 지속적이고 안전한 관계 속에서 아이가 유일한 존재가 되는 동시에 다른 사람과 결합할 수 있게 해주어야 하며, 넘쳐나는 지각 속에서 자신을 잃어버리지 않도록 해주어야 합니다. 아이의 정신이 흩어지지 않도록 정신과 신체 사이의 단일성이 필요합니다.

마리아 몬테소리와 함께 연구했던 몬타나로 박사는 자신의 저서 『인간 이해하기(*Understanding the Human Being*, 국내 미출간)』에서 "환경 속에서 느끼는 기본적인 신뢰감"과 "영육단일성(psychosomatic unity)"에 대해 논했습니다. 영육단일성은 몸과 정신이 합치되어 있다는 것을 의미하는데, 아이가 자라면서 특히 영육단일성이 발달합니다.

아이는 신체의 배고픔을 표현하기 위해 정신을 이용하고, 부모의 품 안에서 신체적 양분과 정신적 양분을 동시에 섭취합니다. 아이가 생후 몇 주 동안 엄마와 맺는 매우 밀접한 관계를 통해 아이는 '정신적 척추'를 구축할 수 있습니다. 엄마와 아빠, 그리고 주변 사람들

이 아이와 아이의 욕구에 집중하기 때문에 아이는 주변에 대한 신뢰를 쌓습니다. 아이의 주변 사람들은 아이의 욕구를 이해하고 충족해주며, 심지어 아이가 자신의 욕구를 인식하거나 표현하기도 전에 모든 것을 해결해줍니다. 아이의 다양한 울음소리를 본능적으로 구별해서 아이가 무엇을 표현하고 싶어 하는지 이해하고 적절한 반응을 하기 위해 애씁니다.

그러나 몬타나로 박사는 아이가 원하는 것을 직접 표현하고 요구-반응 관계를 이해할 수 있도록 조금 기다려야 한다고 말했습니다. 그리고 아이의 요구에 긍정적으로 반응함으로써 신뢰감을 심어줄 수 있다고 설명했습니다. 아이가 요구하기 전에 미리 반응하거나 너무 늦게 반응하면 적절한 순간에 반응할 때에 비해 아이가 기쁨을 덜 느끼고 낙관성이 덜 발달하게 됩니다.

아기의 울음소리만 듣고도 아이의 욕구를 알아차리는 엄마의 놀라운 능력은 얼마나 경이로운지요. 정말 마법과도 같지요. 모성본능의 힘은 감탄에 감탄을 불러일으킵니다. 아이가 태어난 지 몇 주만 지나도 엄마는 아이가 하는 표현을 해석할 수 있습니다. 엄마와 아이는 서로에게 딱 맞는 짝꿍이 됩니다.

아이는 움직임과 표현을 통해 새로운 소통방식을 사용합니다. 아이가 자신의 환경을 구성하는 것들에 대해 인식하지 못하더라도 아이는 그 환경을 신뢰합니다. 자기의 욕구가 대부분 적절하게 충족되는 환경 속에 사는 아이는 편안함을 느낍니다. 사랑받는 아이는 세상을 우호적으로 인지합니다.

아이는 태어난 뒤 처음에는 자기 욕구를 스스로 충족할 수 없고 주변 사람에게 의존합니다. 이러한 출발점에서 시작해 아이는 점점 자신의 존재를 인식하게 되고, 시간이 더 지나면 독립적인 존재가 됩니다. 타인과 맺는 관계 속에서 아이는 혼자가 되는 법을 점차 배웁니다. 자기가 좋아하는 다른 사람을 인식하고, 그 사람과 함께 있으면서 혼자가 되는 법을 배웁니다. 그리고 나중에는 그 사람 없이도 혼자 있을 수 있게 됩니다. 그 사람이 눈에 보이지 않더라도 사라지지 않는다는 사실을 점점 깨닫게 되기 때문입니다.

"내 앞에 없다고 해서 영영 사라지는 것은 아니구나. 엄마가 지금 안 보여도 곧 돌아올 거야. 왜냐하면 나도 항상 존재하고 엄마도 항상 존재하니까. 나는 엄마와 별개로 존재하는 거야."

아이가 다른 사람과 편하게 분리할 수 있게 되면, 아이는 좀 더 편하게 자신을 인식할 수 있습니다.

자기 자신과 주변 세계에 대한 인식은 만 3세가 될 때까지 감각적 경험과 운동 경험을 통해 차근차근 발달합니다. 아이가 뿌리를 내리기 좋은 안정적인 가정 속에서 주변 환경과 깊은 관계를 맺고 자란 아이는 질서, 자의적인 움직임, 관찰하고 흡수하는 이미지와 언어 덕분에 자신과 주변에 대한 인식을 점점 발달시키고 정신적으로도 성장합니다. 아이는 정체성을 구축하고 자기를 돌봐주는 주변 사람들과 자기 자신을 조금씩 구분하기 시작합니다. 그리고 아이에게 자신을 돌보는 일에 참여하도록 하면, 이 과정이 더 수월해집니다. 그래서 자신에 대한 인식, 타인에 대한 인식, 타인과 맺는 관계에 대한 인식이 긍정적으로 발달합니다. 더불어 아이의 인식 발달 과정은 아이의 독립심이 더 자라는 만 3~6세까지 이어집니다.

어른은 '아이의 조물주'가 아닙니다. 마리아 몬테소리가 『어린이의 비밀』에 쓴 것처럼 "자기 자신에 대한 수수께끼를 풀 수 있는 열쇠를 들고 있는 사람"은 바로 아이입니다. 아이는 스스로 행동하기를 원합니다. 이러한 기본적인 욕구가 지나치게 방해받으면 아이는 주변 환경에 대항하기 시작합니다. 아이에게는 경험을 통해 스스로 학습하게 하는 내면의 힘이 있는데, 자꾸 방해를 받게 되면 이 충동적인 에너지가 가장 중요한 목표의 방향을 바꾸어버립니다.

우리는 아이가 스스로 할 수 있도록 도와주기보다는 아이 대신

해주어버리곤 합니다. 이처럼 일상생활에서 아이가 하는 행동에 지나치게 개입하면 아이의 원활한 발달에 해가 되고 아이의 에너지를 분산시키게 됩니다. 물론 좋은 의도로 하는 행동이지만 말이지요.

아이가 스스로 성공하기 위해서는 자기 생각대로 행동하고, 주저하고, 실패하고, 시도하고, 다시 시작해야만 합니다. 그 과정에서 아이는 충만함과 자신감, 순수한 사랑을 복합적으로 느끼지요. 결국 '정복에 정복을 더하는' 기쁨 속에서 아이 내면의 생명력이 빛을 발할 수 있습니다.

성장한다는 것은 자율적인 존재가 된다는 것을 의미합니다. 다시 말해 혼자 있는 것을 편하게 느낄 수 있게 되는 것을 말하지요. 분리(탄생, 젖떼기, 어린이집이나 유치원 입학 등)와 인생을 뒤흔들 만한 중대한 사건(동생의 등장, 엄마의 복직 또는 구직, 질병 등)에 대한 긍정적인 경험을 쌓을수록 아이는 자율적인 존재로 자랄 수 있습니다.

이러한 경험은 단계별로 이루어져야 하며, 아이가 어려움을 더 잘 받아들이게 하려면 알아듣기 쉬운 말로 설명하기 위해 많은 노력을 기울여야 합니다. 설명을 충분히 듣고 예측할 수 있으면 이런 경험을 잘 견딜 수 있고, 이를 통해 한층 성장하고 더 자율적인 존재가 될 수 있습니다.

"부모와 교육자로서 우리가 맡은 역할은
아이가 스스로 발달하는 데
도움을 주는 것입니다."

부모와 교육자로서 우리가 맡은 역할은 아이가 스스로 발달하는 데 도움을 주는 것입니다. 그러니까 가장 중요한 것은 아이의 자연스러운 도약 단계를 이해하고 존중하며 아이가 내면의 이끌림을 따르도록 내버려두는 것입니다. 이를 위해 아이에게 **쓸모 있는 도움과 쓸데없는 도움을 구별**해야 합니다.

사실 어른은 아이가 잘되길 바라는 마음에 세상에서 가장 선한 의도를 가지고 아이를 돕습니다. 그런데 그중 일부는 긍정적이지만 일부는 오히려 해가 됩니다. 왜냐하면 이러한 의도가 아이의 의지를 대체하고 적절한 자극을 주는 대신 발달을 저해하기 때문입니다. 몬테소리는 모든 불필요한 도움은 아이의 발달에 걸림돌이 된다고 여러 차례 주장했습니다.

따라서 아이에게 주는 도움을 구별하는 것이 가장 중요합니다. 아이를 지나치게 돕고 아이에게 과도하게 집착하면 아이를 의존적으로 만듭니다. 그 결과 어른은 아이에게 속박되고 아이는 수동적이거나 게을러지게 됩니다. 아이의 일을 대신해서 아이가 퇴행하지 않도록 해야 합니다. 이를 위해 우리의 역할에 대해 인식을 해야 하고 지속적인 성찰이 필요합니다.

교육이 아이를 '지도하는 일'이라고 생각하지 않아야 합니다. 이러한 생각으로 인해 교육자는 끊임없이 의문을 가지고 문제를 제기하면서 교육자의 역할을 제대로 하지 못하거나 죄책감에 빠지기도 합니다. 물론 우리는 계속해서 본능을 따르며 자연스럽고 자발적으로 살아갈 것입니다. 물론 그 전에 충분한 시간을 가지고 성찰하고 한발 뒤로 물러나 생각해야겠지요.

아이가 본능을 가지고 있다는 사실을 받아들이고 나면, 우리는 우리의 본능을 따를 수 있습니다. 왜냐하면 **교육은 아이의 욕구를 충족시키고 무엇보다 '살아가는 데 필요한 도움'을 주는 것**이라는 사실을 깨닫게 되기 때문입니다.

어른의 역할은 다음과 같이 세 가지로 요약할 수 있습니다.

- ★ 의식을 가진 어른으로서 행동하기 위해 정신적으로 준비하기
- ★ 아이에게 맞는 환경 마련하기
- ★ 아이가 스스로 발달하는 데 도움이 되는 활동 제안하기

부모 역할에 대한 이해

우리의 주된 임무는 아이를 더 잘 돕기 위해 정신적으로 무장하는 것입니다. 다시 말해 아이를 교육하기 전에 우리 자신을 재교육해야 하지요. 슈퍼맨이 되려 하거나 지나치게 완벽한 부모 노릇을 하려고 할 필요는 없습니다. 왜냐하면 그건 불가능하기 때문이지요(그리고 지루하고요!). 아이의 발달을 위해 필요한 능력을 키워야 합니다. 몬테소

리는 교육자가 첫째로 해야 할 일은 자신을 연구하고 지식을 축적해서 정신적으로 준비하는 것이라고 말했습니다.

그래서 무엇보다 올바른 의식을 가지는 것이 중요합니다. 앞 장에 언급한 아이의 자발적인 성장을 위해 필요한 세 가지 조건(집중, 제약이 있는 자유, 개체로서 자신에 대한 인식)을 잘 이해해야 합니다. 그리고 관찰자, 본보기, 동반자, 친구로서 우리가 해야 할 역할을 제대로 이해해야 합니다.

관찰자의 역할

관찰은 몬테소리 사상의 주춧돌입니다. 몬테소리가 아이가 진정으로 원하는 것을 발견할 수 있었던 것도 모두 관찰을 통해서였습니다. 관찰함으로써 우리는 아이를 이해하고 아이 개개인의 특성을 발견할 수 있으며, 나아가 아이에게 유익한 도움을 줄 수 있습니다.

의식적으로 관찰자의 자세를 유지하며 아이를 대하면 성급하게 행동하는 것을 막을 수 있습니다. 그래서 개입이나 자극이 필요한지 아닌지, 만약 필요하다면 얼마나 개입할 것인지에 대해 시간을 두고 생각할 수 있습니다. 그래서 개입의 양을 적절하게 조절할 수 있습니다. 연구가의 자세를 가지고 새로운 시선으로 아이를 바라보면 아이에 대해 섣불리 단정 짓는 실수를 범하지 않을 수 있습니다. 또한 아이는 계속해서 변하기 때문에 그동안 몰랐던 아이의 새로운 모습을 계속해서 발견하고 재발견할 수 있습니다.

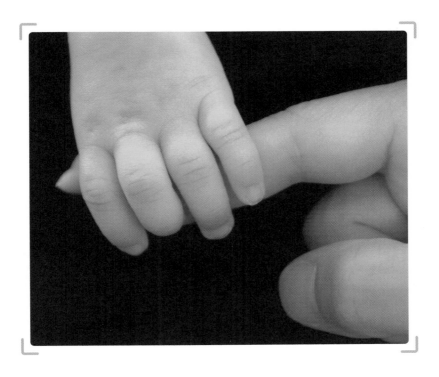

관찰을 통해 아이가 하나의 활동에 집중하고 있는 모습을 볼 수 있다면, 그 활동이 비록 우리의 눈에는 무의미해 보일지라도 아이를 방해하지 않기 위해 최대한 주의할 수 있습니다. 아이가 평화롭게 활동을 이어갈수록 그 활동은 아이의 지능 형성에 있어 더 큰 의미를 지니게 됩니다. 그러니 간섭을 줄이고 더 많이 관찰하세요.

관찰자의 자세는 아이의 자발적인 행동을 존중하는 데 도움이 됩니다. 관찰하다 보면 아이 행동을 이해하려고 노력하게 됩니다. 아이가 스스로 교육하기 위해 내면의 힘을 따른다는 사실과 조화로운 아이의 발달 과정에서 아이가 조화롭게 발달하는 데 우리도 충분한 역할을 하고 있다는 자부심을 느낄 수 있습니다. 아이를 관찰하면 민감기를 알아차리고 아이를 도울 수 있습니다.

교육의 기술은 아이 내면의 이끌림에서 시작된 자신을 구축하는 행위와 파괴적인 충동에 따르는 무질서한 행위를 구별하는 것을 기반으로 합니다. 전자는 집중력을 키우는 질서 있는 행위이므로 존중해주어야 합니다. 후자는 무질서하고 쓸모없고, 심지어 파괴적이기도 합니다. 이러한 행위는 상냥하고 부드럽게 중단시켜야 합니다. 이때 아이의 눈높이에서 따뜻하게 눈을 맞추며 차분한 목소리로 말해야 합니다.

또한 관찰을 통해 아이의 좋은 발달을 막는 걸림돌을 제거할 수 있습니다. 아이가 주변 환경에 맞추어 살아가는 모습을 관찰하다 보면, 아이에게 무엇이 필요한지를 알게 되고 환경을 정비할 방법을 모색하고 실천에 옮길 수 있습니다.

아이를 의식적으로 관찰하는 사람은 시선의 질이 다릅니다. 관찰자의 시선은 아이를 지지하고 자기가 하던 행동을 계속할 수 있도록 응원합니다. 관찰하는 시선이 갖는 힘은 아이에게 존재감을 주고, 아이 역시 누군가 자신을 계속 지켜보고 있다고 의식하게 됩니다. 모든 것과 마찬가지로 시선의 양이 관건입니다. 너무 부담스럽게 관찰하지는 않아야 합니다. 우리의 시선이 아이를 돕는 대신 방해할 수도 있다는 생각이 들 때는 아이가 시선을 느끼지 못하게 은근하게 지켜보아야 합니다.

관찰도 기술입니다. 우리가 아이의 지능을 창조한다는 생각을 멈춰야 하고 지나치게 개입하려는 성향을 자제해야 합니다. 관찰을 통해 우리는 아이 영혼의 섬세한 뉘앙스를 이해할 수 있게 됩니다.

우리의 역할은 아이를 관찰하는 일입니다. 다시 말해 아이의 욕구를 이해하고, 아이의 발달과 관심사를 파악하며, 관찰한 내용을 활용하고 관심을 쏟아 아이를 충만하게 키우는 일입니다. 관찰은 교육에 관한 관심을 자극하고 더 잘하고자 하는 동기를 부여합니다. 그리고 아이의 필요에 따라 즉시 우리의 태도를 맞출 수 있습니다. 이를 위해 우리 자신을 관찰하는 법을 아는 것도 중요합니다.

본보기의 역할

영유아에게 좋은 영향을 주는 비결은 뭘까요? 바로 좋은 본보기가 되는 것입니다. 아이는 우리의 태도, 우리가 행동하고 말하는 방식을 흡수합니다. 아이는 우리가 살아가는 모습을 보며 할 수 있는 일과 해서는 안 되는 일이 무엇인지를 배웁니다. 따라서 우리의 역할은 아이에게 가능한 일과 가능하지 않은 일에 대해 자상하지만 단호하게 알려주는 것입니다. 아이가 제약과 한계를 쉽게 이해하도록 명확히 알려주어야 합니다.

"나는 바담 풍해도 너는 바람 풍해라"라는 속담이 있지요. 아이를 가르치기 전에 우리가 살아가는 방식에 대해 곰곰이 생각해보아야 합니다. 그리고 약간 연극을 하듯이 좋은 예를 보여주면 아이에게 좋은 본보기가 되어 끊임없이 더 좋은 영향을 미치게 됩니다.

좋은 본보기는 최고의 가르침입니다. 우리가 아이에게 전하고 싶은 바를 몸소 보여주세요. 그리고 아이가 받아들일 수 있도록 충분한 시간을 주세요. 하루 이틀 만에 아이가 흡수할 수 있는 것은 아무것도 없으니까요. 어린아이에 대한 우리의 요구 수준은 낮추고 아이에게 보여주는 본보기의 수준은 높여야 합니다. 아이들은 모범적이고 부드러운 분위기에서 오랫동안 지내면 어른과 또래를 관찰하며 좋은 본보기를 마음속에 새기기 때문입니다. 우리가 아이에게 바라는 바를 아이의 능력에 맞추고 아이가 아직 할 수 없는 일을 해내기를 기대하지 않아야 합니다.

우리가 지녀야 할 최우선적인 핵심 가치는 존중입니다.

"세상에서 보기를 바라는 변화, 스스로 그 변화가 되어야 한다."

간디

"아이의 성격을 더 잘 이해하기 위해 최선을 다해야 한다. 신생아를 돌보든 좀 더 큰 어린이를 돌보든지 간에 교육자의 첫 번째 의무는 우선 이 새로운 존재의 인격을 이해하고 존중하는 것이다."[14]

---

14 Maria Montessori, *L'Enfant dans la famille*, Desclée de Brouwer, 2007. (『가정에서의 유아들』, 다음세대, 1998)

아이를 있는 그대로 받아들이는 것은 우리가 아이에게 원해 왔던 모습을 포기하는 일입니다. 즉, 우리가 상상한 '모범적인 아이'를 머릿속에서 지우는 것이지요. 우리 눈앞에 있는 아이는 실재하는 존재입니다. 있는 그대로의 존재입니다. 그래서 우리가 아이를 있는 그대로 받아들이면, 아이도 자기 자신을 수월하게 받아들일 수 있습니다.

아이를 존중하는 것은 아이가 자기 자신을 존중할 수 있도록 돕는 일입니다. 아이의 개체성과 인격을 받아들이는 것은 아이를 사랑하는 일입니다. 아이는 조건 없는 사랑을 바탕으로 성장하고 자아를 실현할 수 있습니다.

자신이 존중받을 만한 존재라고 느끼는 아이는 타인의 욕구를 인식할 준비를 합니다. 이런 아이는 집단 속에서 다른 사람에게 자리를 양보하며 자신의 자리를 찾지요. 양보는 평화의 길로 나아가게 하는 교육의 핵심적인 요소입니다.

마리아 몬테소리는 이 주제에 대해 아주 유명한 저서를 남겼습니다. 바로 『교육과 평화』와 『새로운 세상을 위한 교육』입니다. 교육자는 아이의 성장을 도우며 평화의 본보기를 제시하기 위해 노력합니다. 평화는 아주 어릴 때부터 정말로 작은 차원에서 학습되는 기술입니다. 평화는 존재들 사이, 아이와 어른 사이, 형제자매 사이에서 싹트며, 나아가 나라와 나라 사이에까지 확장될 수 있습니다.

인간은 아주 어릴 때부터 타인을 받아들이고 타인의 권리를 인정할 수 있습니다. 우리가 모두 존중받아 마땅한 존재이며 우리가 서로 비슷할 수도 있고 다를 수도 있다고 생각해야 합니다. 바로 이것이 관용의 조건입니다. 우리는 따뜻하고 호의적인 분위기를 만들어야 하며, 특히 아이가 삶을 시작하는 순간부터 우호적인 분위기를 조성해주어야 합니다.

아이를 존중하는 것은 아이와 잘 소통하는 것을 의미하며, 이는 아이의 말을 듣고 아이가 우리의 말을 듣게 하는

"아이가 자신의 약점을 지각하지 않게 하되 자신의 결점을 없앨 수 있도록 도와야 한다."

마리아 몬테소리,
『가정에서의 유아들』

법을 아는 것을 뜻합니다. 이를 위해 감정과 기분을 잘 표현할 수 있도록 해야 합니다. 다른 이의 감정을 부정하는 것은 자존감을 해치는 행위입니다. 모든 감정은 허용되어야 합니다. 그러나 모든 행동이 용납되지는 않습니다.

우리를 성가시게 하는 행동 중 하나에 관해 아이에게 이야기하고 싶다면, 아이를 비난하기보다는 그 행동을 묘사하며 설명하는 것이 좋습니다. 예를 들면 "너 정말 지저분하구나! 더러워!"라고 하기보다는 "카펫에 흙을 묻혔구나. 그건 엄마가 싫어하는 행동이야"라고 이야기하는 것이 더 좋습니다. 아이에게 문제가 있을 때는 가능하면 아이가 느끼는 감정을 말로 표현해주고, 자기 안에서 스스로 해결 방안을 찾을 수 있도록 도와야 합니다.

우리는 아이에게 선택하는 법을 가르쳐서 자유로 향하게 이끌어야 합니다. 아이에게 선택할 기회를 많이 주세요. 장난감, 요거트, 바지 등 자주 접하는 용품 중에서 같은 종류의 물건 두 개를 제시하고, 그중 하나를 고르게 하면 됩니다. 처음에는 선택권을 두 개로 제한하는 것이 좋습니다. 지금 단계에서 두 개를 넘는 선택지는 너무 많아서 아이가 허우적거릴 수 있습니다.

이런 방식을 모든 상황에 적용할 수 있습니다. 선택은 포기이기도 합니다. 그러므로 어릴 때부터 선택하는 훈련을 자주 해주는 것이 좋습니다. 아이는 우리가 자신의 선택을 중요하게 여긴다는 사실을 깨닫고 다른 사람의 의견도 모두 중요하다는 사실을 알게 됩니다. 이를 통해 아이는 인생이 힘겨루기 같은 것이 아니라 기쁨의 원천이자 긍정적인 관계를 확장할 기회라고 여길 수 있게 됩니다.

또한 아이의 움직임, 감각, 언어, 사회성 발달에 좋은 자극을 주기 위해 목적별로 구상한 활동을 아이가 수행하도록 유도해야 합니다. 다시 말해 아이의 민감기를 고려하여 적절한 활동을 제시해야 합니다. 아이가 행동하도록 자극을 주는 한편, 아이가 자발적이고 건설적으로 행동할 때 이를 방해하지 않도록 해야 합니다.

지금 우리의 아이가 그 귀한 집중력을 키우고 있다는 사실을 잊지 마세요! 모든 아이는 각자의 인격과 사명이 있습니다. 칼릴 지브란은 그의 훌륭한 저서 『예언자』에 "아이는 우리의 소유물이 아니다"

라고 서술했습니다. 아이는 우리를 투영하거나 확장하기 위한 존재가 아닙니다. 아이는 '나의' 아이가 아닙니다. 아이가 우리를 믿고 기댄다고 해도 아이는 '우리가 소유하는' 존재는 아닙니다.

우리의 사명은 아이가 자기 자신이 되는 방향으로 이끄는 것입니다. 다시 말해 아이가 자기 자신이 되도록 도와야 합니다. 그렇게 하려면 앞서 말한 바와 같이 아이를 있는 그대로 진심으로 받아들이고, 아이가 자신을 그대로 받아들일 수 있도록 도와야 합니다. 더불어 아이가 자신을 구축하고 발전하고자 하는 욕구를 실현할 수 있도록 격려해야 합니다. 우리의 역할은 아이를 우리가 원하는 대로 키우는 것이 아닙니다.

우리 모두는 각자의 공사장에서 삶이라는 집을 만들어가고 있습니다. 아이도 마찬가지입니다. 비록 우리에게 기대고 의지하지만, 아이도 자신만의 밭에 자기의 인생을 일구고 있습니다. 아이를 관찰하면 우리는 훌륭한 조력자가 될 수 있습니다.

우리의 역할은 아이의 자발적인 발달이 잘 이루어질 수 있도록 최선의 환경을 제공하는 것입니다. 이를 위해 첫 번째로 해야 할 일은 바로 아이의 '내면의 지도자'가 미치는 힘, 즉 자신의 발달을 돕는 것을 선택하도록 자신을 충동하는 힘을 인정하는 것입니다. 우리의 역할은 아이의 도약을 존중하고 아이가 삶에 대한 사랑을 표현할 수 있는 환경을 제공하는 것입니다.

물질적인 요소와 환경을 적절하게 조화시켜 주는 것이 좋습니다. 아이가 스트레스를 받지 않도록 발달에 좋은 편한 분위기를 마련해주면 됩니다. 학습 프로그램도 좋지만, 무엇보다 중요한 것은 아이 개인의 발달 속도에 맞춰야 합니다. 그러면 아이의 흥미와 민감기 도약으로부터 학습이 이루어질 수 있습니다. 물론 활동, 외출, 책, 놀이 등으로 아이의 욕구를 자극할 수 있습니다. 하지만 이러한 활동이 아이의 내면의 이끌림과 맞아떨어져서 아이가 자기 것으로 만들어야만 그 효과가 있을 거예요.

민감기와 내면의 이끌림을 이해하면 아이에 대한 우리의 기대도

아이에게 맞출 수 있게 됩니다. 사실 아이에게 너무 큰 기대를 걸면, 결과가 좋지 않을 때 사기 저하, 자신감과 자존감 상실 등 부작용이 생길 위험이 있습니다. 이상적인 아이로 키우고 싶다는 욕심을 버리고, 우리의 이상과 아이를 비교하지 않기 위해 항상 애써야 합니다.

눈앞의 아이를 이상 속 아이로 만들기 위해 애쓰며 인생을 낭비하지 마세요. 대신 아이에 대한 희망은 늘 마음속에 간직해야 합니다. 현명하게 균형을 맞출 줄 알아야 합니다. 그 균형의 비결을 한마디로 말하면 동행이라고 할 수 있습니다. 앞에서 아이를 이끄는 것을 줄이고 아이의 뒷모습을 바라보며 따라가는 시간을 늘리세요. 중도를 지키는 일, 그것이 바로 우리가 해야 할 일입니다.

자기 자신을 이해하고 아이를 도우려면 스스로를 낮추는 자세가 필요합니다. 우리의 장단점을 알면 아이의 장단점을 받아들이는 데 도움이 됩니다. 또한 아이에게 긍정적인 교육을 하는 데 필요한 장점을 계발하는 데도 도움이 됩니다.

아이에게 양질의 교육을 하려면 어떤 특성과 능력이 필요할까요? 봉사 정신, 겸양, 개방적인 자세, 인내, 친절함, 아이가 활동에 참여할 수 있게 유도하는 능력, 공감 능력, 경청하는 자세, 특히 관찰 감각과 안목 등이 있습니다.

우리가 아이에게 질 좋은 도움을 주기 위해서는 세심함을 키워야 합니다. 그렇다고 매 순간 여러분의 행동을 의심하고 따질 필요는 없습니다. 그렇게 하면 너무 피곤하겠지요. 대신 다음 질문을 자신에게 주기적으로 던져보아야 합니다.

"내가 지금 개입하는 것이 이 아이의 발달에 도움이 될까? 아니면 방해가 될까?"

지나치게 돕지 않으면서, 특히 방해하지 않으면서 아이를 도와야 합니다. 아이를 돕기 위해 우리가 할 수 있는 일과 하지 말아야 할 일의 범위를 쉽게 구분하는 방법이 있을까요? 바로 아이의 처지에서 생각해보는 것입니다. 내가 아이가 되어서 지금 아이가 겪는 일을 똑같이 겪는다고 생각해보세요. 나에게 무엇이 도움이 될지 쉽게 알 수 있고, 그러면 아이에게 좋은 조력자가 되기 위해서는 어떻게 하면 좋을지 알 수 있을 거예요.

양질의 관계 형성과 유지를 책임지는 역할

관계의 단계

★ 생후 8개월까지

아이가 엄마 배 속에서 바깥세상으로 나오면 새로운 방식으로 관계를 맺습니다. 아이는 사람들과 관계를 맺고 애착은 강해집니다. 탄생으로 인해 자신이 살던 세계가 완전히 뒤바뀐 아이는 긍정적인 경험을 통해 안정감을 느낍니다.

인생 초기에 아이가 할 수 있는 긍정적인 경험은 자신을 바라보는 시선의 질과 자신을 대하는 몸짓의 기술에 따라 달라집니다. 이제 막 세상으로 나온 아이에게는 무엇보다도 '사려 깊은 시선'이 필요합니다. 다시 말해 사랑하는 시선으로 자신을 지지해주는 사람, 자신과 함께 있어주고 상냥하게 대해주는 사람이 필요합니다.

아이는 인생 초기에 주변 사람, 특히 엄마와 맺는 관계에 따라 앞으로 세상과 맺는 관계가 달라집니다. 아이가 정신적인 생명체라는 점을 인식하고 소중하게 대하면 아이의 발달에 도움이 됩니다.

아이는 처음에는 몸짓을 통해 관계를 맺습니다. 우리가 아이를 안을 때, 아이를 안고 이동할 때, 기저귀를 갈아주고 옷을 갈아입히고 젖을 먹이거나 분유를 먹일 때, 우리는 세상에서 가장 귀한 보물을 다루듯 특별하고 세심한 기술과 손길로 아이를 대합니다. 아이의 몸을 마사지하고, 품에 안고, 마치 수화를 이용해 말을 걸듯이 몸짓으로 마음을 표현하는 것은 아이와 관계를 맺는 가장 훌륭한 방법입니다. 또한 아이를 어루만지고 감싸는 따뜻한 눈빛으로도 아이와 관계를 맺을 수 있습니다.

아이가 자라면 관계는 언어적 의사소통 단계로 넘어가게 됩니다. 이 시기에는 아이와 하는 식사, 목욕, 마사지, 포옹, 책 읽어주는 시간 등 모든 순간이 서로의 마음을 주고받는 기회가 됩니다. 아이가 생후 몇 개월 동안 얻는 신뢰감은 앞으로 살아가며 쌓아갈 자기 인생에 대한 믿음의 근간이 됩니다. 영아기에 신뢰를 잘 쌓으면 아이는 평생 낙관적이고 자신감 넘치는 삶을 살아갈 수 있습니다.

영국의 소아과 의사이자 정신분석학자인 도널드 위니캇(D. W. Winnicott) 박사는 관계가 아이의 정신 발달에 핵심적인 역할을 한다는 사실을 강조했습니다. 그는 엄마가 주변에 있을 때 혼자 있을 수 있는 단계가 지나야 아이가 자립할 수 있는데, 나중에 혼자서도 잘 노는 아이로 자라려면 자립성을 반드시 키워야 한다고 주장했습니다. 혼자, 혹은 함께할 수 있는 능력을 갖춘 아이는 독립적인 존재로 자랄 수 있습니다.

★ 생후 8~15개월

이 시기의 아이는 낯선 사람을 만나면 두려워합니다. 하지만 낯선 사람도 너무 성급하게 행동하지만 않는다면 괜찮습니다. 아이를 존중하고 천천히 친해지면 아이는 자신의 영역에 낯선 이의 시선을 허락합니다. 그리고 낯선 얼굴에서 호의를 느끼면 미소를 지으며 그 사람의 손을 잡습니다. 갑자기 아이를 품에 안지 말고 그 전에 아이와 관계를 형성해야 합니다. 이 시기의 아이는 몇 개월 더 어렸을 때와 비교해 낯설어하는 사람에게 맡기기가 쉽지 않습니다.

아이가 이렇게 조심스럽게 행동하는 것을 보고 기분이 상한 사람은 아이가 겁이 많거나 소심하다고 생각하곤 합니다. 하지만 사실은 그렇지 않습니다. 아이의 이런 행동은 상호적인 관계를 추구하는 아이가 신중함을 건강하게 표현하는 방식이랍니다.

아이가 혼자 설 수 있게 되면, 기저귀를 갈고 세수하고 옷을 갈아입힐 때 아이의 참여를 유도하는 것이 좋습니다. 그러면 아이는 우리를 도와 자기 자신을 돌보게 되며, 훨씬 능동적인 사람이 됩니다.

구체적으로 예를 들면, 아이가 서 있는 상태로 기저귀를 갈 수 있을 정도로 자라면 아이는 갈아놓은 기저귀를 직접 가져다 버릴 수 있고 새 기저귀를 가지고 올 수 있습니다. 옷을 입을 때는 직접 손이나 발을 집어넣을 수 있게 유도하는 것도 좋습니다. 이런 행동을 통해 아이는 자아와 자기 신체, 자기 욕구에 대한 인식과 자율성을 키울 수 있습니다.

아이가 어른에게 의존하는 상태에 안주하도록 내버려두지 않아야 합니다. 아이가 어른에게 기대는 것은 자립으로 향하는 길의 한 단계일 뿐, 이 상태가 계속되면 수동적인 사람으로 자랄 수도 있습니다.

아이가 안정적으로 걸음마를 익히면 아이와의 관계에 협력의 개념을 도입하는 것이 중요합니다. 아이의 참여를 가능한 한 자주 유도하는 것이 좋습니다. 일상생활 활동에 아이가 참여하는 것은 자율로 향하는 과정입니다.

아이가 언젠가 혼자 하는 법을 깨우치려면, 우선은 어른과 함께하는 방법을 알아야 합니다. 아이는 바나나 자르기, 샤워 스펀지 건네주기, 손수건 펴기, 그릇을 개수대에 넣기, 식탁 닦기, 청소기 밀기, 빗자루로 바닥 쓸기 등의 활동에 흥미를 느낍니다. 이렇게 협력이 필요한 활동을 통해 우리는 일상생활 속에서 아이와 협력 관계를 유지할 수 있고 생활 기술을 전수할 수 있습니다.

아이가 일상적인 활동에 적극적으로 참여하게 할 때는 완벽하게 해내기를 기대하지 않아야 합니다. 아이가 잘하지 못해도 실패했다는 감정을 느끼지 않게 신경 써야 합니다. 중요한 것은 아이의 참여입니다. 우리의 목표는 이 시기의 아이가 모든 것을 스스로 할 수 있게 만드는 것이 아닙니다. 아이가 자신의 행동과 사고를 체계화할 수 있게 하고, 이를 통해 정신적으로 성장할 수 있도록 하는 것이 바로 아이 참여의 목표입니다. 그리고 우리가 따뜻한 시선으로 아이를 지켜보다 보면 언젠가 아이가 스스로 잘할 수 있게 됩니다.

아이에게 필요한 물건들을 사용 순서에 따라 배치하고 아이의 눈높이와 키에 맞는 가구를 두는 것이 바람직합니다. 아이에게 맞춰 공간을 정리해서 아이가 스스로 일상생활의 활동을 해내고 만족감을 느낄 수 있도록 신경 써야 합니다.

어른과 협력하는 관계를 통해 아이는 운동능력을 키우고 신체적·정신적으로 성장합니다. 아이는 진정한 삶에 적응해가며 자신을 키웁니다. 따라서 아이가 우리를 돕도록 유도하고 현실 생활에 참여할 수 있게 해야 합니다. 그리고 아이가 자발적으로 행동할 때는 저지하거나 방해하지 않아야 합니다.

아이는 능동적으로 움직이고 장난감보다 실제 사물을 조작하고 싶어 합니다. 아이는 그저 남이 하는 대로 따라 하면서 주변인으로 살아가는 것을 원치 않습니다. 아이는 우리와 함께 진짜 인생을 살아야 합니다.

★ 생후 15개월~만 3세

아이는 자라면서 강렬한 신체 활동을 점차 늘리려고 합니다. 몬테소리는 이를 '최대한의 노력'이라고 일컬었습니다. 아이는 매우 무겁거나 큰 물건 들기, 먼 거리 걷기, 점프, 계단 오르기 등 상당한 노력과 힘이 필요한 과제에 몰두합니다. 이런 활동이 때로는 불가능하거나 위험해 보이지만 아이가 하도록 내버려두면 끝내 해내고야 맙니다.

그리고 성공의 경험은 아이에게 두 가지 종류의 자신감을 주지요. 아이는 신체적인 자신감과 정신적인 자신감을 성취합니다. 자기는 시도하면 성공하는 사람이라고 믿게 됩니다. 우리가 아이를 방해하지 않아야만 이렇게 성공할 수 있습니다. 아이에게는 최대한의 노력을 하고 싶어 하는 욕구가 있고 어려운 도전과제에 흥미를 느낀다는 사실을 알아야 합니다. 우리에게는 위험해 보이는 아이의 계획을 중단시키거나 도와주고 개입하려 하는 경향이 있습니다.

그런데 아이는 이렇게 어려운 활동에 몰두할 때 힘, 의지, 노력이라는 감각, 인내심, 성공을 향한 의욕을 단련합니다. 도전과제를 마친 아이는 자기 자신을 자랑스러워하며, 성공적으로 완료한 작업에 대해 만족감을 느낍니다.

이러한 감정은 새로운 도전을 감행하는 능력을 키워줍니다. 아이가 자기 주도적 행동을 스스로 끝마칠 수 있도록 하고, 이를 통해 자신감과 가능성을 심어주는 긍정적인 경험을 할 수 있도록 하는 것은 정말 중요합니다.

신체적 작업을 통해 아이의 정신은 충만하게 성장합니다. 우리가 이러한 사실을 충분히 알고 있다면 아이의 주도적인 행동을 더 잘 존중할 수 있습니다. 물론 아이가 안전하게 활동할 수 있도록 항상 주의를 기울여야겠지요.

그리고 필요한 경우, 아이가 힘겨운 도전을 잘 해낼 수 있도록 격려하는 것도 좋습니다. 하지만 이때도 아이가 스스로 승리를 거둘 수 있도록 내버려두어야 합니다. 그러면 아이는 노력하면 목적을 달성할 수 있다는 사실을 깨닫게 됩니다. 그리고 어떤 일은 두세 배로 큰 노력이 필요하지만 혼자서 해낼 수 있고, 심지어 자기가 스스로 목표를 정할 수 있고, 정한 목표를 달성할 수 있다는 사실도 깨닫게 됩니다. 바로 이것이 아이가 인생을 살아가는 데 필요한 소중한 보물이 아닐까요? 특히 우리 아이들이 성인이 되면 새로운 적성을 계속 발견하고 직업을 자주 바꿔가며 살아야 하는 시대가 될 것입니다. 그러한 시대에는 낙담과 좌절 후에 다시 튀어 오를 수 있는 능력이 필요하겠지요.

"이거 하지 마", "저거 하지 마", "그건 너무 무거워", "그러다 넘어지겠네"……. 우리는 인생이라는 커다란 모험에 뛰어든 아이에게 놀랍게도 이런 말들을 하곤 합니다. 우리의 양면성을 보여주는 말들이지요. 우리는 아이가 정말로 잘되기를 바라지만, 아이를 지키기 위해 부정적인 말들로 의욕과 용기를 꺾습니다. 이런 말들은 저주와도 같고 아이를 주눅 들게 하는데 말이지요. 이는 자기방어적 사고방식과도 같습니다.

　이런 표현들을 의문문으로 바꾸고, 아이를 격려하면서 부드럽게 주의를 환기시키는 법을 익혀봅시다. 그리고 아이를 지지하면서 보호하는 고요한 눈길로 계속 지켜봐 준다면 더 좋을 거예요.

　시선은 관계와 소통에서 아주 중요한 의미를 지닙니다. 관계를 맺는 사람들은 서로를 바라봄으로써 깊이 연결되고 말보다 더 많은 것들을 주고받습니다. 저는 아이에게 중요한 메시지를 전달하고자 할 때, 바로 아이에게 시선을 고정하고 아이와 눈을 맞추며 다가갑니다. 어떨 때는 이렇게 얘기하기도 하지요. "어둠 속에서도 서로를 바라보자. 그럼 우리는 서로 연결될 수 있어"라고요. 그렇게 같은 주파수로 소통하면 서로를 더 잘 이해할 수 있습니다.

양질의 관계 형성

아이와 좋은 관계를 맺는 데 필요한 것을 한 단어로 요약하자면 '협동'이라 할 수 있습니다. 우리가 아이보다 우월하다는 생각은 접어야 합니다. 물론 우리가 아이보다 더 오래 살았고 아이가 앞으로 살아갈 인생을 이미 경험한 것은 분명한 사실입니다. 하지만 지금 우리가 마주하는 사람이 앞으로 어른이 될 작은 아이라고 생각하지 말고, 그냥 한 명의 사람이라고 생각해야 합니다.

　아이는 아직 성장하는 중이지만 이미 하나의 인격체입니다. 아이의 입장에서 생각하세요. 우리가 아이였을 때를 기억해보세요. 우

리 주변의 어른들과 어떤 관계를 맺었는지 생각해보세요. 기억이 잘 나는 사람도 있고 그렇지 않은 사람도 있겠지만 의식적으로 기억을 되짚어보면 그 관계가 지금의 우리를 만들었다는 사실을 알 수 있습니다. 그러니까 우리가 한 명 한 명의 아이와 맺는 관계를 세심하게 신경 써야 합니다.

아이와 좋은 관계를 맺기 위해서는 아이가 자기 자신을 이해할 수 있도록 도와줘야 합니다. 어떤 분야에서든 아이가 자신을 이해하려면 다음 세 가지 능력이 필요합니다.

★ 자신의 활동을 체계화할 수 있는 능력
★ 주의를 흐트러뜨리는 것을 무시하고 집중할 수 있는 능력
★ 모색하는 능력(첫 번째 시도가 실패할 경우 계속하면서 다른 전략을 찾는 능력)

아이는 연구자의 자세로 지식을 쌓아갑니다. 가설을 세우고, 실험하고, 수정하고, 관찰하고, 결론을 내립니다. 아이는 귀납법 사고 과정을 거칩니다. 목표를 세우고 목표와 직접 관련된 기억을 이용하고 관찰하며 목표를 달성하기 위해 애씁니다. 아이는 집중력을 잃지 않고 자신만의 연구에 관심을 집중합니다. 그리고 처음 세운 가설이 실패하면 다시 가설을 검토합니다.

그런데 앞서 나열한 세 가지 능력은 타고나는 것이 아닙니다. 모든 아이는 이 능력을 계발하고 단련해야 합니다. 그리고 이를 위해

우리는 아이가 스스로 능력을 훈련할 수 있도록 내버려두어야 합니다. 우리의 평온한 일상이 잠시 방해받더라도 아이가 계속 훈련할 수 있도록 너그럽게 이해하고 받아들이고, 나아가 격려해주어야 합니다. 이러한 수용을 바탕으로 아이와 어른 사이에 질 좋은 관계가 형성됩니다.

아이가 지금 당장은 아니더라도 언젠가 성공할 것이라는 확신을 하고 아이가 떠나는 탐험의 여정을 함께한다면 좋은 신뢰 관계가 형성됩니다. 그리고 이러한 신뢰 관계는 어른과 아이, 모두에게 이롭지요.

> "우리가 아이에게 어떤 행동을 정교하고 정확하게 알려줄 때, 동작의 정교함이 아이의 흥미를 끄는 것처럼 보일 수도 있다. 우선은 달성해야 하는 실질적인 목표가 생기기 때문에 아이는 활동에 흥미를 갖는다. 그러나 우리가 정확하게 그 동작을 실행하는 방식이 아이를 일관되게 지지하는 것이며, 그 결과 아이가 한 걸음 더 나아갈 수 있게 하는 것이다."
>
> 마리아 몬테소리, 『흡수하는 정신』

아이가 너무 어리면 자신이 하는 말을 어떻게 끝맺어야 할지 잊어버리기도 합니다. 주의가 산만해지거나 감정에 휩쓸리기도 합니다. 그리고 무엇인가를 시도하고 그것이 끝나기도 전에 그만두고 다시 도전하지 않을 때도 있습니다. 세 돌이 지나야 자기의 활동과 생각을 체계화하고 집중하고 계속해나가는 능력을 발휘할 수 있습니다.

만 3세 이상의 아이는 자율성을 향해 나아가면서 기억하고, 계획하고, 감정과 상황을 조절할 수 있는 잠재력을 이용합니다. 하지만 아이가 자신의 잠재력을 개발하려면, 우리는 아이가 더 어릴 때부터 '혼자 할 수 있게' 두고 독립적으로 자랄 수 있도록 독려해야 합니다.

이를 위해 우리의 행동을 아이에게 말로 설명하고, 우리가 어떻게 해내는지를 천천히 보여주어야 합니다. 이때 성공하는 데 필요한 세부적인 요소를 명확하게 잘 보여주는 것이 좋습니다. 그런 후 이번에는 아이가 할 수 있도록 유도하고 아이가 혼자 하는 모습을 지켜보세요. 아이를 응원하는 시선으로 바라보며 필요할 때는 설명을 덧붙이는 것도 좋아요. 다시 말해 아이와 협동 관계를 만들어가는 것이지요.

아이가 태어나서 만 3세가 될 때까지 우리가 아이를 지도하면서 보내는 시간은 나중에 아이가 자라서 선택하고, 스스로 해결하고, 자기 생각과 감정을 표현하는 법을 배우는 바탕이 됩니다.

우리가 아이에게 더 많은 시간을 쏟고 아이가 우리에게 의존할 수밖에 없는 시기에 아이의 욕구에 잘 반응할수록, 아이는 훗날 더 독립적이고 자율적인 존재로 자랍니다. 우리가 아이와 함께 보내는 시간의 질도 매우 중요합니다.

풍요로운 관계 형성을 위한
나 자신 돌보기

다른 사람을 돌보거나 관계를 세심하
게 신경 쓰려면 먼저 스스로가 건강해
야 합니다. 그러니까 아이를 잘 돌보려
면 우리부터 잘 돌봐야 하지요. 충분히
휴식을 취하고, 운동하고, 즐거운 취미 활동을 찾으세요. 포용력을
키우고 흘러가는 대로 두는 법을 배우세요. 치열하게 해야 할 일과
아닌 것을 구별하여 선택하고, 너무 잘하려고도 하지 말고 항상 애쓰
려고도 하지 마세요. 모든 것이 더 편안해지고 조화로운 관계 형성에
도 도움이 될 거예요.

아이가 모두 다 느낄 수 있다는 사실을 잊지 말아야 합니다. 아
이와 하는 힘겨루기를 멈추세요! 가벼운 마음으로 살아가세요.

관찰자, 본보기, 조력자의 임무를 다하고 아이와 좋은 관계를 유
지하려면 사적인 시간, 즉 자기 성찰의 시간이 필요합니다. '새로운
교육자'로 다시 태어나기 위해 자신에 대한 이해와 관계 정립이 필
요합니다.

새로운 교육자란 몬테소리가 말한 성숙하고 차분한 성인, 아이
에게 집중하기 위해 자기중심적 사고를 버릴 수 있는 성인을 말합니
다. 그리고 아이를 이해하기 위해 아이의 입장에 서지만 당연히 어른

**"아이를 교육하고자
한다면 먼저 자신을
교육해야 한다."**

마리아 몬테소리,
『어린이의 비밀』

으로서 해야 하는 역할과 본분은 절대 잊지 않는 사람을 뜻합니다. 새로운 교육자가 되기 위해서는 아이의 처지에서 아이의 관점과 욕구를 이해해야 합니다.

이를 위해 실제로 준비해야 할 것들이 있습니다. 우선 아이에 대한 올바른 의식을 가져야 합니다. 몬테소리는 많은 어른이 '고압적인' 태도로 아이를 대한다고 말했습니다. 이러한 성향을 버리려면 내적 준비가 필요합니다. 자기중심주의를 거부하고 '자애로운'[15] 면모를 갖추어야 합니다.

"교육의 기본개념은 아이의 발달에 걸림돌이 되지 않아야 한다는 것이다. 가장 기본적이지만 어려운 것은 무엇을 해야 하는지 아는 것이 아니다. 우리가 아이를 교육하기에 적합한 사람이 되려면 얼마나 많은 편견과 거만한 태도를 없애야 하는지를 이해하는 것이다."[16]

우리가 아이의 발달에 핵심적인 두 가지 요소, 즉 환경과 도움을 제공하는 만큼 우리 어른의 역할은 엄청나게 중요합니다.

---

15 Maria Montessori, *L'Enfant*, Desclée de Brouwer, 2006, 제15장. (『어린이의 비밀』, 지식을 만드는 지식, 2014)

16 Maria Montessori, *L'Enfant dans la famille*, Desclée de Brouwer, 2007, 제5장. (『가정에서의 유아들』, 다음세대, 1998)

에미 피클러(Emmi Pikler), 색다른 육아법

헝가리 로치 보육원 ------------------------------------

관계는 몸짓, 시선, 단어로 이루어지는 상호작용입니다. 헝가리의 유명한 소아과 의사인 에미 피클러는 제2차 세계대전이 끝난 뒤 헝가리 부다페스트의 로치에 보육원을 열고 전쟁으로 부모를 잃은 고아들을 맡았습니다. 그녀는 '입원성 장애'와 관련하여 나타난 문제를 해결하기 위해 매우 특별한 방식으로 아이들을 돌보고 보살폈습니다.

그녀는 아주 어린 월령부터 아이가 선택한 자유 활동을 마음껏 할 수 있도록 했습니다. 특히 움직임의 자유를 존중해야 한다고 주장했습니다. 움직임의 자유는 아이의 성장 속도에 따라 어른의 자극 없이도 자연스럽게 발달합니다. 움직임은 가르침을 통해 배우는 것이 아니기 때문이지요. 피클러는 아이에게 본보기를 보여주며 개입한다고 하더라도, 오히려 외부 개입이 없을 때 아이가 더 조화롭게 발달한다고 말했습니다. 교사는 아이를 눈으로 지켜보되 신체적으로는 지나친 자극을 주어서는 안 됩니다.

에미 피클러는 돌봄과 신체적 행복의 중요성을 강조했습니다. 그녀는 우리가 아이를 돌볼 때, 아이가 자기 자신과 자기 몸을 인식하고 어떤 일이 일어날지 예측할 수 있도록 행동 전에 말로 잘 설명해주어야 한다고 주장했습니다.

그녀의 연구와 저서는 '색다른 육아법(Unusual Mothering)'이라고 칭한 일명 피클러식 육아법을 탄생시켰습니다. 현재도 피클러식 육아법은 전 세계적으로 많은 나라에서 유아교육의 기준으로 삼고 있습니다. 피클러 로치-프랑스협회가 가입된 국제피클러협회(Pikler International)는 아동 정신의학자 베르나르 골스(Bernard Golse) 박사가 협회장으로 있으며, 영아 보육과 아이와 좋은 관계를 형성하는 데 관심 있는 모든 이들 곁에서 활발한 활동을 펼치고 있습니다.

로치 보육원은 세상을 떠난 부모를 대신하기 위해 아이마다 정해진 인원의 보모를 배정해 지속적인 돌봄이 이루어질 수 있도록 했습니다. 아이가 항상 같은 사람과 관계를 맺고 유지할 수 있게 했습니다. 그래서 일관성 있는 보육과 돌봄이 가능했지요. 아이들은 안정적인 돌봄 환경 덕분에 자아 형성 시기에 가장 중요한 안정감을 얻을 수 있었습니다.

로치 보육원의 보모들은 아이와의 관계를 풍요롭게 하고 언어 발달을 자극할 수 있도록 아이를 돌보는 내내 아이에게 말을 많이 걸었습니다. 이런 보육 방식은 당시에는 획기적이었지요.

에미 피클러는 아이가 문제를 해결하는 데 어른이 과도하게 돕는 것은, 아이에게서 매우 중요한 것을 앗아가는 것이라고 주장했습니다. 아이의 정신 발달을 방해하는 것이라고 말했지요. 왜냐하면 아이는 스스로 해결책을 찾으면서 자신을 단련시키는 법을 배우기 때문입니다.

에미 피클러가 강조한 네 가지 핵심 포인트 --------------

★ 우리가 아이에게 너무 많은 것을 강요하거나 아이를 함부로 다루지 않는 이상 아이의 발달 과정은 정해진 순서대로 계획적이고 자발적으로 이루어진다. 아이는 특정 월령 기준을 따르는 것이 아니라 개개인의 속도에 맞춰 발달한다.

★ 아이의 자발적인 활동을 존중하는 것은 아이의 발달에 아주 중요한 역할을 한다. 왜냐하면 아이는 자발적 활동을 통해 즐거움, 기쁨, 흥미, 집중, 노력하는 법, 참을성을 배우기 때문이다.

★ 아이의 자연적인 발달 순서와 속도를 존중하지 않는다면, 아이의 발달 과정의 조화와 연속성을 해칠 수 있다. 예를 들어 혼자서는 움직이지도, 빠져나올 수도 없는 곳에 아이를 두면 아이는 탐색하고 발견하는 즐거움을 뺏기고, 탐색을 통해 신뢰감을 형성할 기회도 뺏기게 된다.

★ 교사와 아이 사이의 친밀하고 좋은 관계는 자유로운 움직임을 위한 공간을 조성해주는 것만큼 아이의 발달 속도를 존중하는 데 매우 중요하다.

아이 맞춤 환경 준비하기

마리아 몬테소리는 준비된 환경이라는 표현을 사용했습니다. 준비된 환경이란 아이가 살아가는 물질적·심리적·문화적·사회적·영적 조건을 한데 일컫는 말입니다. 환경은 성장의 핵심적인 요소입니다. 자신의 욕구에 맞는 준비된 환경에서 자라는 아이는 점진적으로 삶에 적응합니다. 아이를 맞이하는 환경을 정돈하는 것은 아이의 교육에 간접적인 영향을 미칩니다.

환경은 특히 0세에서 만 3세 사이의 아이에게 가장 큰 영향을 미칠 수 있는 수단입니다. 발달단계에 따라 아이의 욕구와 필요에 맞게 환경을 바꾸는 데 지속적으로 세심하게 신경을 쓰는 것이 좋습니다. 환경을 적절하게 바꾸면 아이의 자율성을 키우는 데 도움이 되고, 가족 분위기도 부드럽게 만들 수 있습니다. 아이에게 '안 돼'라고 하기보다는 '옳지!'라고 말해줄 수 있는 공간을 만들어주세요.

민감기를 고려한 단순한 공간

우리는 질서 있고 평화로운 환경을 제공할 책임이 있습니다. 아이에게 마련된 환경이 풍부한 경험의 기회를 제공하는지, 아이의 자발적인 활동에 적합한지 세심하게 신경 써야 합니다. 이때 질서에 대한 민감기, 감각에 대한 민감기, 움직임에 대한 민감기, 언어에 대한 민

감기, 관계에 대한 민감기와 관련된
아이의 욕구를 고려해야 합니다.

질서 유지

아이에게 무엇보다 가장 필요한 것
은 바로 질서입니다. 질서 속에서 아
이는 평화를 느낍니다. 신생아 시기
에 평화로운 환경을 마련하는 것은
매우 안락한 엄마 배 속과 활기찬 아

> **"우리의 교육법이
> 환경을 그토록 중요하게
> 여기는 이유는 사실
> 환경이 모든 교육적
> 구조에 있어 핵심적인
> 기초가 되기 때문이다."**
>
> 마리아 몬테소리, 『어린이의 비밀』

이의 삶 사이에 감압실을 만들어주는 것과 같습니다.

이를 위해 기억해야 할 한 가지가 있습니다. 바로 아이의 세계
를 단순화해야 한다는 것입니다. 밝은 색채를 통일되게 쓰고 부드러
운 소재를 사용하여 집 안을 꾸미는 것이 좋습니다. 특히 자극의 양
을 세심하게 조절해야 합니다. 자극이 너무 많거나 너무 강하면 아이
가 감각 경험에 휩쓸릴 수 있으니, 새로 느끼는 모든 감각을 아이가
잘 다스릴 수 있도록 신경 써야 합니다. 특히 멀리 보이는 배경을 단
일하게 정돈해야 가까이에 있는 것이 더 잘 보입니다.

이와 마찬가지로 아이가 주로 생활하는 공간은 한 번에 하나의 사
물에 집중할 수 있도록 소박하게 꾸며주는 것이 좋습니다. 갓난아기에
게 이 세상은 새로운 정보와 처음 하는 경험으로 가득 찬 곳입니다.
새로운 정보는 한 번에 하나씩 경험할 수 있도록 해야 아이가 더 잘

지각하여 분석하고 내재화할 수 있습니다.

예를 들면 청각, 시각, 촉각을 한꺼번에 느끼게 하기보다는 종류에 따라 따로 경험할 수 있게 해주는 것이 좋습니다. 아이에게 충분한 자극을 줄 수 있는 환경을 마련해주어야 하지만, 자극이 과도하지 않아야 합니다.

어린아이는 질서를 원합니다. 아이는 질서 속에서 자신의 위치를 파악하고, 안전하게 탐색하고, 감각과 지각을 정리할 수 있으며, 결과적으로 차분한 환경 속에서 정신적으로 성장할 수 있습니다. 그러므로 질서는 아이에게 생명을 유지하는 데 필수적인 욕구입니다.

여기서 말하는 **질서란** 경직되고 아이를 주눅 들게 하는 것이 아닙니다. 아이에게 지표가 되고 **마음을 사로잡는 정돈된 상태를** 의미하지요. 아이가 질서를 흡수할 수 있도록 방에 있는 물건마다 제자리를 정해주세요. 아이는 물건이 항상 같은 자리에 있는 것을 보면서 기준을 세울 수 있습니다.

아이가 어떤 물건에 손을 대는지 지켜보세요. 처음에는 아이가 깨기 전이나 방에 들어오기 전에 질서에 따라 방을 정돈하는 것이 좋지만, 시간이 지나면 일과 중에도 정리하는 것이 좋습니다. 사용한 물건을 바로 정리하는 모습을 일상생활 속에서 자주 보여주고, 아이가 꺼낸 물건을 직접 정리할 수 있도록 유도하세요. 그러면 정리는 아이가 하는 활동 중 일부가 되고, 정리정돈을 할 때 아이의 참여를 유도할 수 있습니다.

아이에게 질서를 제시하는 것은 깨끗한 환경을 제공하는 것이기도 합니다. 아이가 더러운 물건을 만질까 싶어 걱정하기보다는 최소한 집 안에 아이의 손이 닿는 곳에는 더러운 물건을 두지 않는 게 좋습니다.

또한 질서는 관계의 일관성을 유지하는 데 특히 도움이 됩니다. 아이가 평온한 상태를 유지하기 위해서는 아이를 일관된 자세로 대해야 합니다. 아이는 주변 사람들이 계속해서 조화롭게 자신을 배려하고 아껴주고 사랑해주기를 바랍니다. 에미 피클러가 로치 보육원에서 중요하게 생각한 부분도 바로 관계의 연속성입니다.

감각 발달

영아기는 감각 기관이 완전히 기능하기 시작하는 시기입니다. 아이의 감각 기관을 완벽하게 발달시키려면 지각 훈련이 필요합니다. 또한 아이가 예민하게 감지할 수 있도록 감각 기관을 단련해야 합니다. 감각 기관과 지각 능력은 동시에 상호 발달합니다. 환경이 아이의 감각을 자극할수록 더 발달합니다. 그리고 감각이 발달할수록 아이는 환경으로부터 더 많은 자극을 받습니다.

영아기에는 1,000억 개의 뉴런이 발달하고 연결될 수 있도록 감각 경험을 많이 접하게 해주어야 합니다. 신생아는 색깔보다 흑백을 더 잘 구분하고, 단순하고 대조가 확실히 되는 이미지를 좋아한다는 점을 기억하세요. 아이가 주의를 집중하고 미묘한 차이를 느낄 정도로 감각을 발달시키려면 충분한 시간이 필요합니다.

몬테소리 교육법은 너무 많은 활동을 제시하지 않으면서 각각의 감각을 자극할 수 있는 단순한 활동으로 구성되어 있습니다. 다음 장에는 다양한 몬테소리 활동이 소개되어 있습니다.

지능적인 움직임

아이는 태어날 때부터 몸을 움직이며 자아를 형성합니다. 그 움직임은 처음에는 거의 알아챌 수 없을 정도로 미미하지만 말이지요. 목적이 있는 아이의 움직임은 정신운동 기능의 발달에 도움이 됩니다.

될 수 있는 대로 아이의 움직임이 자연스럽게 발달할 수 있도록 해주는 것이 좋습니다. 예를 들어 아이가 혼자 앉을 수 있기 전에는 앉히지 않는 것이 바람직합니다. 반면에 안전하고 안락한 곳에 아이를 데리고 다니는 것은 좋습니다. 아이가 넓고 자유롭게 움직일 수 있도록 편한 옷을 입히는 것이 좋습니다.

아이의 옷은 발달단계에 맞춰 바꿔주어야 합니다. 아이가 입고 지내는 옷도 환경에 포함됩니다. 아이가 잘 움직일 수 있도록 편한 옷을 입혀주세요. 예를 들어 치마를 입고 기어오르기는 불편하므로 아직 걷지 못하는 여자아이는 치마를 입히지 않는 것이 좋습니다. 기저귀를 뗐거나 배변훈련을 하는 아이에게 보디 슈트나 멜빵바지는 실용적이지 않으므로 입히지 않아야 합니다. 혼자 신발을 신고 벗으려는 아이에게는 신고 벗기 불편한 신발은 사주지 않는 것이 좋습니다.

아이가 생후 7개월 정도 되면 앉기 시작합니다. U자 모양의 방석이나 수유쿠션을 아이의 등 뒤에 등받이처럼 대주면 좋습니다. 이 시기의 아이에게는 데크 체어(천으로 등과 엉덩이를 받치는 접이식 의자)를 마련해주는 것도 좋습니다. 주변 세상을 탐색하거나 움직이려면 누워 있는 것보다 데크 체어에 앉아 있다가 몸을 일으키는 것이 더 쉽기 때문입니다.

아이가 조금 더 커서 혼자 이동할 수 있고 원하는 대로 행동할 수 있게 되면, 무거운 물건을 들거나 의자를 옮기는 등 개인적인 도전을 해내고 스스로 작은 과제를 설정하고 성취하며 발전합니다. 아이는 자기가 주변을 바꾸는 능력이 있다는 사실을 깨닫습니다. 이러한 사실은 아이에게 독립심과 신뢰감을 줍니다.

언어 발달과 관계 형성

아이는 아주 어릴 때부터 긴 대화를 듣는 것을 좋아합니다. 엄마가 아이에게 사용하는 말을 유아어라고 합니다. 유아어는 우리가 평소에 하는 말보다 음률이 있고 소리가 예리해서 아이의 주의를 끌지요.

아이는 말소리를 매우 빠르게 흡수합니다. 말을 배우기 전에 콧노래를 하듯이 말의 음률을 흥얼거리기도 합니다. 단어를 발음할 수는 없지만, 자주 듣는 문장의 음을 흥얼거리는 것이지요. 마치 아이가 무슨 말이라도 하는 것처럼 생각하며 흥얼거림에 대꾸한다면 우리는 아이와 진정으로 소통할 수 있습니다. 아이에게 말을 걸 때, 우리는 방금 한 말을 반사적으로 반복하기도 합니다. 반복해서 말하면 아이가 언어를 잘 습득하는 데 도움이 됩니다.

사실 아이는 태어날 때부터 언어적 존재로 여겨지기 때문에 몇 개월이 지나면 말을 할 수 있게 됩니다. 아이는 타인과의 관계 속에서 언어를 발달시킵니다. 언어는 가르침을 통해 학습되는 것이 아니라 스스로 발달하는 것입니다.

적응을 돕는 아이 맞춤 환경

아이를 위한 환경을 만드는 것은 아이의 모든 발달단계에 따라 환경을 바꾸는 것을 의미합니다. 집 안 환경을 바꿔주는 이유는 아이가 성장하는 동안 항상 편안함을 느낄 수 있게 하기 위해서입니다. 부모는 아이가 어른의 세상에 끼어든 불청객 같은 느낌이 아니라 '내 집'에 있는 것처럼 편하게 느끼기를 바라지요. 자신에게 맞는 환경에서 자란 아이는 자신감과 자율성을 키울 수 있습니다.

갓난아기는 공생 기간에 부모와 한 방에서 같이 지냅니다. 방을 함께 쓰면 아이는 필요할 때 안정감을 느끼고, 부모 또한 아이를 돌보러 방을 오가느라 피곤하게 생활할 필요가 없습니다. 아이가 태어나서 처음 누리는 사적인 공간은 바로 잠자리입니다.

잠자리

★ 토폰치노

아이가 갓 태어났을 때부터 작은 고치 형태의 이불을 마련해주세요. 토폰치노(topponcino)를 사용하면 아이는 공간의 한계를 느끼는데, 이는 엄마 배 속에 있었을 때의 느낌을 떠올리게 합니다. 그리고 아빠나 엄마 품에 안긴 것처럼 폭 싸인 느낌을 받습니다. 몬테소리는 신생아 시기에 토폰치노를 사용할 것을 권장했습니다.

토폰치노는 길이 40~55센티미터 정도의 작은 토퍼나 이불로, 커버는 땀을 잘 흡수하거나 아이가 누워 있기 좋은 부드러운 소재로 된 일종의 베이비코쿤입니다. 토폰치노는 아이의 체형에 맞춰 몸을 감싸주며 머리와 등은 탄탄하게 받쳐줍니다. 토폰치노에 아이를 눕힌 채로 안고 이동하면, 아이에게 안정감을 줄 수 있습니다. 토폰치노를 사용하면 아이에게 신체적, 정서적 안정감을 줍니다. 아이를 아기 침대, 어른 침대, 혹은 기저귀 갈이대에 눕힐 때도 사용할 수 있습니다. 토폰치노에 아이를 눕힌 채로 안아서 수유할 수도 있습니다. 이렇게 토폰치노를 계속 사용하면 아이는 어떠한 상황에도 같은 냄새와 온도가 유지되는 사적인 공간에서 보호받는 느낌을 받습니다.

생후 3주 동안은 토폰치노나 비슷한 형태의 싸개를 이용하는 것이 좋습니다. 이후에는 점차 토폰치노 없이 침대에 눕히는 연습을 하고, 아기의 키에 맞는 일반적인 베이비코쿤(속싸개나 스와들 혹은 아기 침낭)과 수면 조끼를 사용하면 됩니다.

잠자리 분리는
언제 하는 게 좋을까?

아이가 몇 살부터 자기 방에서 따로 자야 하는지에 대한 보편적인 기준은 없습니다. 나라마다, 가정마다 문화와 상황이 다 다르기 때문이지요. 부모와 아이가 한 방을 쓴다고 해서 꼭 같은 침대에서 잘 필요는 없습니다. 아이와 침대를 함께 쓰지 않고 별도로 마련한 잠자리에 아이를 따로 재울 수도 있습니다. 이 또한 개인의 선택입니다. 부모와 아이가 한 방에서 자는 것이 매우 일반적인 나라도 있지만, 프랑스에서는 그렇지 않습니다.

저는 개인적으로 아이가 태어나서 얼마 동안은 다른 모든 포유동물처럼 부모와 함께 잘 필요가 있다는 인식을 하는 것이 좋다고 생각합니다. 아이는 부모와 함께 자면 커다란 안정감을 느낍니다. 그리고 시간이 지나면 점점 부모와 함께 자야 할 필요가 없어집니다. 아이가 부모에게 지나치게 의존하지 않도록 너무 오랫동안 아이와 같은 방에서 잘 필요는 없습니다.

아이의 의존도가 높아지면 장기적으로 볼 때, 아이가 혼자서도 행복할 수 있는 능력과 밤에 잠깐 깼을 때 스스로 다시 잠드는 능력을 키우는 데 방해가 될 수도 있습니다. 부모의 수면 질도 매우 중요합니다. 만약 아이가 부모와 한 침대에서 잔다면, 혹시라도 잠결에 아이를 건드려서 깨우거나 다치게 하지는 않을지 걱정하느라 잠을 푹 자지 못할 수도 있습니다. 각자 상황에 맞게 조화롭고 균형 있게 아이의 잠자리를 마련하는 것이 좋습니다.

잠자리 분리는 균형의 문제이기는 하지만 방 분리가 늦을수록 어려워질 수 있습니다. 저는 아이들을 부부침실에서 재웠지만, 아기 침대를 따로 사용했습니다. 저는 생후 1~2개월 정도까지는 이러한 유형이 이상적인 잠자리라고 생각합니다. 가끔은 밤에 수유하다가 잠이 들어서 아이를 부부 침대에서 재울 때도 있었지만, 대부분 부부 침대 가까이에 둔 아기 침대에 아이를 따로 재워서 푹 잘 수 있게 했습니다.

아이가 태어난 뒤 2개월쯤에는 아기 침대를 아이 방으로 옮겼습니다. 아기도 다른 포유류와 마찬가지로 엄마의 젖 냄새에 자다 깨는데, 방을 분리함으로써 체취로 인해 아이가 자극을 받지 않도록 했습니다. 아기가 낮잠을 자는 동안 깨지 않는다면 낮에는 아기 침대를 다른 곳에 옮겨놓고 사용해도 괜찮습니다. 그렇지만 아이가 자는 동안에 다른 가족이 주변에 있으면 숙면에 방해가 됩니다. 아이가 자다가 자주 깨면, 아이가 푹 잘 수 있도록 아기 침대를 아이 방에 옮기는 것이 좋습니다.

★ **아기 침대**

아기 침대는 너무 크면 아이가 허전함을 느낄 수 있으므로, 길이가 45~85센티미터 정도인 것이 가장 좋습니다. 침대 가드는 아이의 시야를 최대한 방해하지 않도록 너무 높지 않되 아이를 안전하게 보호할 수 있어야 합니다. 침대 내부는 수수하고 부드러운 색깔로 정돈하는 것이 좋습니다. 특히 신생아 시기에는 방 안의 불빛이 너무 강하면 침대 위에 캐노피를 설치해도 좋습니다. 시간이 지나면 아이의 시야를 확장해주기 위해 점차 캐노피를 걷어주는 것이 좋습니다.

예전에 유행하던 아기 침대는 아이를 안전하게 보호하기 위해 가드가 높고 침대가 깊었습니다. 아이가 많이 자라면 가드 밖으로 몸을 내밀어 밖을 볼 수 있었지만 아이의 시야를 가로막는 단점이 있었고, 침대 안의 아이는 침대 위로 자신을 내려다보는 사람밖에 볼 수 없었습니다. 아이가 눈에 보이는 사람들을 따라 하며 많은 것을 배운다는 사실을 생각해보면 참 안타까운 일이지요. 아기 침대가 너무 깊다면 다른 매트리스나 토퍼를 잘라 겹쳐 놓아서 침대 속 매트리스 높이를 높일 수도 있습니다. 아기 침대는 아이의 몸집과 운동성에 따라 보통 생후 6~9개월까지 사용합니다.

★ 저상형 침대

아기 침대 이후에는 일반 침대에 아이를 재웁니다. 몬테소리는 아이가 자유롭게 움직일 수 있도록 만 2세부터[17] 자세를 마음대로 할 수 있게 네모난 모양의 보통 침대에서 아이를 재우는 것이 좋다고 말했습니다. 특히 저상형 침대나 바닥에 매트리스를 놓고 사용하는 방법을 권장했습니다. 침대의 높이가 낮으면 낙상 사고의 위험이 없으며 아이가 원할 때 침대 밖으로 마음껏 나갈 수 있습니다. 그리고 울타리나 가드 안에 갇혀 있지 않아도 되지요. 아침에 일어나자마자 아이는 편하게 움직이고 탐색할 수 있습니다.

---

17 Maria Montessori, *The 1946 London Lectures*, Montessori-Pierson Publishing Company, 2012, 제 18장. (『1946년 런던 강연록』, 국내 미출간)

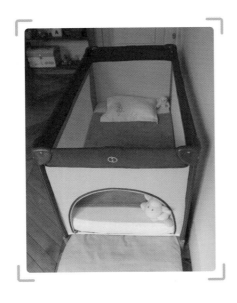

몬테소리는 울타리가 있는 침대는 '말도 안 되는 것'이라고 여겼습니다. 울타리 침대는 아이의 지능 발달에 걸림돌이 되며, 특히 아이를 침대 안에서 낮잠을 너무 자주, 너무 오래 억지로 재우게 되기 때문에 좋지 않다고 지적했습니다.

대신 몬테소리는 저상형 침대를 권장했습니다. 저상형 침대는 울타리형 침대와는 반대로 아이가 잠에서 깨자마자 돌아다니며 탐색할 수 있을 뿐만 아니라, 피곤하면 자발적으로 침대로 올라가서 누워 쉴 수 있습니다. 게다가 아이는 시야를 가리는 것 없이 세상을 마음껏 볼 수 있습니다.

저상형 침대는 이상적이지만 안전과 관련해 고려해야 할 사항이 아주 많습니다. 만약 저상형 침대를 선택한다면 아이 방에 있는 모든 것이 안전한지 꼭 확인해야 합니다. 창문에는 안전 창을 설치해야 하고, 아이가 잡아당길 수 있는 블라인드 끈이나 전등 끈이 없어야 합니다. 또한 무거운 물건이나 균형이 맞지 않아 건들거리는 물건이 없어야 합니다. 아이 방의 방문은 항상 닫혀 있도록 해야 하며, 특히 아이 방 주변에 계단이 있다면 방문에 더욱 신경 써야 합니다. 이러한 제약 때문에 아이에게 다른 형제가 있다면 저상형 침대를 선택하기가 쉽지는 않습니다.

저는 첫째 딸을 키울 때는 저상형 침대를 아주 잘 사용했습니다. 하지만 두 살 터울의 아들인 둘째는 침대를 바닥에 내려놓고 쓸 수 없었습니다. 왜냐하면 아이들이 한 방을 썼는데 첫째가 문을 열어두고 다닐 위험이 있는 데다가 아이들 방이 계단 옆이기 때문이었지요.

저는 제 다섯 아이를 키우는 동안 다양한 형태의 침대를 사용해보았는데, 형제가 있는 아기에게 가장 적합한 침대는 이동식 아기 침대라고 결론을 내렸습니다. 매트리스 두께는 최소 11센티미터 이상이고 침대 가드는 그물형으로 안팎이 훤히 보이는 것이 좋습니다. 그

리고 가드 한쪽에는 슬라이드 형식의 문이 달려서, 밀고 당겨서 여닫을 수 있어야 합니다. 이런 형태의 침대는 바닥에서 너무 높지 않기 때문에 안전합니다. 또한 아이에게 시야가 막히지 않은 개인 공간을 마련해줄 수 있습니다. 그리고 주변이 안전하다면, 아이가 원할 때 침대 안으로 들어가거나 밖으로 나오도록 할 수 있습니다.

이런 형태의 침대는 생후 9개월부터 만 2세까지 아이를 위한 완벽한 절충안이라고 생각합니다. 그리고 이동형 침대는 집 밖에서도 같은 공간에 아이를 재울 수 있다는 장점도 있습니다. 아이가 울타리가 없는 개방형 침대에 익숙해지면 저상형 침대로 바꿔도 좋으며, 침대는 두 돌 전후에 교체하는 것이 바람직합니다.

아이 방

아이가 태어나면 바로 방을 사용할 수 있도록 가능하면 아이 방을 미리 준비해두는 것이 좋습니다. 벽에는 단순한 그림 몇 개만 걸어서 전체적인 공간을 차분하게 꾸미는 것이 좋습니다. 아이는 정보가 너무 많으면 해석하는 데 어려움을 느끼므로 방 안의 장식품 몇 가지는 치우는 것이 더 좋습니다. 과학적 연구 결과에 따르면, **시각적인 자극을 절제하는 것이 집중력 발달에 더 좋다**고 합니다. 아이 방을 꾸밀 때도 이런 점을 충분히 고려하는 것이 좋겠지요.

아이 방의 물건은 세심하게 선택하고 아이의 키와 눈높이에 맞춰 배치하며, 차분하고 깨끗하고 보기 좋게 정돈하세요. 물건이 적을수록 정리가 쉬우며, 정리가 잘된 환경이 아이의 원만한 발달에 매우 중요한 핵심적인 요소임을 기억하세요. 아이는 자기 방의 전반적인 분위기를 흡수합니다. 다시 한번 강조할게요. **아이의 세계를 단순화해야 합니다.**

아이가 방에서 휴식도 잘 취하고 깨어 있는 동안 편히 지낼 수 있으려면 방을 여러 구역으로 나누는 것이 좋습니다. 수면 영역, 활동 영역, 위생(몸단장) 영역 등으로 나눌 수 있습니다. 공간을 정리할 때 아이의 눈에 무엇이 보일지 생각해야 합니다. 물건의 성격에 맞는 위치를 찾아 정리하는 게 좋습니다.

예를 들어 침대 위치를 결정할 때는 아이가 잠들 때와 잠에서 깰 때 눈에 무엇이 보일지 생각해보아야 합니다. 아이가 밤에는 평화롭고 평온한 것을 보면서 잠이 드는 것이 좋고, 아침에는 재미있고 흥미로운 것을 보면서 잠에서 깨는 게 좋겠지요. 자연광이 들어오는 위치도 고려해야 합니다.

활동 영역에는 아이가 자기 속도에 맞춰 운동성을 발달시킬 수 있도록 매트나 카펫, 토퍼 등을 깔아둡니다. 활동 공간은 아이가 주변에 있는 것들을 관찰하며 많은 시간을 보낼 공간입니다. 아이가 첫 장난감들을 번갈아 가지고 놀 수 있도록 정리할 수 있는 선반을 주변에 배치하는 것이 좋습니다. 아이가 크면 선반 위의 장난감을 꺼내기 위해 선반 근처로 기어갈 수 있습니다. 이렇게 아이의 운동성을 자극할 수 있습니다.

저는 아이 방 선반에 물고기 두 마리를 담은 어항을 올려두었습니다. 한 마리는 빨간색 물고기, 다른 한 마리는 주황색 물고기였지요. 아이는 물고기를 관찰했고 엄청난 관심과 집중력으로 물고기의 움직임을 눈으로 좇았습니다. 훌륭한 자연 모빌이었지요.

매트나 카펫 옆에는 큰 거울을 벽에 걸어두어서 아이가 몸 전체를 비춰볼 수 있게 해주는 것도 좋습니다. 거울을 가로로 길게 두면 아이는 거울에 비친 모습을 보고, 알아보고, 따라 하고, 자기 모습으로 놀이를 하며 거울을 향해 기어갈 거예요. 거울은 아이가 자아를 인식하는 데 큰 도움이 됩니다. 아이가 더 자라면 거울을 세로로 놓아서 전신을 볼 수 있게 해주는 것이 좋습니다.

아이는 거울을 보며 혼자 있는 것에 익숙해지며 스스로 몸을 단장하는 법을 배울 수 있습니다. 얼굴이 깨끗한지, 머리 모양은 깔끔한지, 옷매무새는 단정한지 확인하는 법을 배웁니다. 거울로 자신의 모습을 자주 비춰보면서 아이는 자율성을 키울 수 있습니다.

아이의 방에 여러 단으로 된 책장이나 서랍장을 놓아 아이가 가지고 놀 만하다고 생각되는 물건이나 장난감을 다양하게 놓아두세요. 아이가 좀 더 자라면 선반 위에 놀이 활동에 사용할 수 있는 쟁반이나 상자를 놓아도 좋습니다. 너무 커다란 장난감 정리함보다는 적당한 크기의 정리 상자에 장난감을 정리하는 것이 더 좋습니다. 정리함이 너무 크면 아이가 장난감을 종류에 상관없이 엉망진창으로 뒤섞으려고 할 수 있기 때문입니다.

바구니나 정리 상자에 장난감을 넣고 열어보지 않고도 내용물을 알아볼 수 있도록 바깥에 장난감 사진이나 그림, 스티커를 붙이세요. 상자는 아이의 손이 닿는 곳에 놓아두세요. 장난감을 정리할 때 지켜야 할 원칙은 아이의 자율성을 키울 수 있게 모든 것을 아이 손이 닿는 곳에 두는 것입니다.

집에 있는 모든 장난감을 한 번에 노출하지 않고, 몇 개는 가지고 놀게 주고 나머지는 보이지 않는 곳에 두었다가 번갈아 제시하는 것도 좋은 방법입니다. 이렇게 장난감을 교대로 제시하면 같은 장난감으로도 아이의 관심과 흥미를 새롭게 자극할 수 있습니다. 장난감 교대를 계획할 때는 아이가 지금 가장 좋아하는 것들은 다른 것으로 바꾸지 않고 계속 가지고 놀 수 있도록 두어야 합니다.

아이 방을 정리할 때 중요한 요소가 하나 더 있습니다. 아이가 편안하게 책을 읽을 수 있도록 아이용 소파나 쿠션, 벤치 등을 놓아 폭신폭신한 공간을 마련해주는 것이 좋습니다. 아이가 혼자 책을 읽거나 어른이 책을 읽어주거나 이야기를 들려줄 때 편안하게 있을 수 있도록 아이의 마음을 사로잡는 공간을 만들어주는 것입니다. 아이와 대화를 나누거나 편하게 쉴 수 있는 아늑한 공간을 마련해주는 것이 좋습니다.

그리고 아이의 나이에 맞는 책을 꽂아둘 작은 책장이나 선반도 잊지 말아야겠지요. 책장도 다른 가구나 물건과 마찬가지로 아이의 손에 잘 닿는지, 단단히 고정되어 있는지 주의해야 합니다.

아이 방에 걸어놓는 그림이나 사진, 거울의 높이가 아이가 충분히 보고 즐기기에 좋은지 확인하는 것이 좋습니다. 아이의 옷을 걸어둘 수 있는 외투 걸이나 옷장, 선반도 마찬가지로 아이의 손이 닿는 높이를 고려하여 배치하는 것이 좋습니다. 우리는 아이가 스스로 할 수 있는 것들은 최대한 혼자서 할 수 있게 되기를 바라지요.

가족사진과 아이의 사진을 걸어두는 것도 좋습니다. 가족의 얼굴이 표시된 가계도는 아이가 가족 안에서 자기가 어떤 사람인지를 이해하는 데 도움이 됩니다.

아이가 좀 자라면 한쪽에 한 달의 날짜가 모두 표시된 연간 달력을 방에 두어도 좋습니다. 월별 선형 달력은 해당 월의 날짜가 일별로 칸칸이 적혀 있고, 첫날부터 마지막 날까지 왼쪽부터 오른쪽으로 가로로 배열된 달력입니다. 선형 달력을 사용하면 아이가 일 년의 길이와 날짜의 흐름을 이해하는 데 도움이 됩니다. 달력에 아이가 알아보기 쉽게 연간 행사를 표시해두면 아이가 계절, 생일, 명절, 주말 등의 개념을 점차 이해할 수 있습니다.

한쪽 구석에는 예술 활동을 위한 공간을 마련하는 것도 좋습니다. 아이가 물감이나 크레용으로 칠해 자국이 남거나 젖은 붓이 바닥에 떨어질 수 있으니 벽이나 바닥이 더러워지지 않도록 미리 조처를 해두는 것이 좋습니다. 무엇보다 아이에게 물건을 오래 사용하려면 쓰고 난 뒤에 꺼낸 물건을 씻고 정리해야 한다는 사실과 정리방법을 알려주는 것이 가장 중요합니다.

욕실

목욕은 아이와 양육자가 공유하는 소중한 순간입니다. 특히 목욕할 때 엄마나 아빠가 자신을 부드럽고 차분하게 대해주기 때문에 아이는 목욕을 통해 부모에 대한 신뢰감을 쌓습니다. 목욕의 장점을 누리기 위해서는 욕실을 정리해야 합니다.

목욕을 시작하기 전, 필요한 모든 물건을 손이 닿는 곳에 두는 것이 좋습니다. 기저귀 갈이대나 침대에 아이를 혼자 올려둘 수 없으므로 갈아입힐 옷을 미리 준비해두지 않으면 벗은 아이를 안은 채로 옷을 골라야 할 수도 있습니다. 그렇기에 아이가 찬 바람을 맞으며 불편함을 느끼지 않도록 갈아입힐 옷은 미리 준비하는 것이 좋습니다.

목욕물과 욕실, 방 안의 온도를 세심하게 맞춥니다. 한마디로 말하자면, 아이에게 목욕이 즐거운 시간이자 사랑이 넘치는 관계를 형성할 수 있는 풍요롭고 사적인 시간이 될 수 있도록 불편함을 느끼지 않게 하면 됩니다. 신체적 접촉은 불과 얼마 전까지 따뜻한 양수 속에서 맨몸으로 지낸 갓난아기를 풍요롭게 해줍니다. 목욕은 기쁨의 순간을 만끽하게 해주는 좋은 기회입니다. 몸을 문지르고 안아주고, 특히 다정한 눈빛과 좋은 대화를 나누는 것처럼 좋은 게 없지요.

목욕하는 동안 아이에게 지금 무엇을 하고 있는지 최대한 설명하고 앞으로 무엇을 할 것인지에 대해 미리 알려주세요. 아이에게 정확한 어휘를 사용하면 우리가 하고 싶은 말과 사랑을 잘 전달할 수 있을 뿐만 아니라 자율성을 키우는 데 도움이 됩니다. 아이에게 긴장을 풀 수 있도록 충분한 시간을 주고, 부드러운 손길로 몸을 어루만지면서 편안한 느낌을 주는 것이 좋습니다. 이렇게 부드럽게 마사지를 하면 우리가 아이와 함께 있고 관계를 맺고 있다는 느낌을 아이에게 줄 수 있습니다.

아이가 좀 더 자라면 다른 형제와 함께 목욕할 수 있습니다. 아이에게 목욕은 형제와 놀이하는 즐거운 유희 시간이 되기도 합니다. 미끄럼방지 처리가 된 등받이나 아기용 목욕 의자를 사용하면 아이의 등이나 허리에 무리가 되지 않고 아이가 피로감도 덜 느낍니다.

어른이나 다른 형제가 아이를 잘 지켜보면 아이는 안전하게 더 오랫동안 목욕을 즐길 수 있습니다. 신생아 시절에는 몇 분도 채 되지 않게 짧은 시간 안에 목욕을 마치지만, 아이가 더 커서 목욕 시간을 늘릴 수 있게 되면 물놀이도 하며 긴장을 풀 수 있습니다. 목욕은 밤에 깊이 자는 데도 도움이 됩니다.

아이가 더 크면 욕실 한쪽에 아이가 사용하는 치약, 칫솔, 양치컵, 비누, 수건을 아이의 손이 닿는 곳에 놓아주세요. 아이의 나이에 맞춰 치약과 칫솔모를 바꿔 사용해야 한다는 점을 기억하세요. 개월 수에 맞는 다양한 치약과 칫솔이 판매되고 있습니다. 아이의 발달단계에 맞춰 적절한 시기에 바꿔가며 사용해야 합니다.

모래시계를 보이는 곳에 두어 아이가 양치질을 너무 빨리 끝내지 않도록 유도할 수 있습니다. 아이가 아주 어릴 때부터 바르게 칫솔질하는 모습을 보여주어야 합니다. 양치 도구는 아이가 양치질하고 싶어 하도록 작은 선반에 예쁘게 정리하는 것이 좋습니다.

아이가 세면대를 사용할 수 있도록 발판이나 계단을 놓아주세요. 발판의 높이는 아이 키에 맞추어 고르도록 합니다. 발판과 계단이 있으면 아이가 욕조에도 쉽게 들어갈 수 있습니다. 세면대가 너무 높거나 공간이 비좁아서 발판을 두지 못해 아이가 세면대를 사용하기 어렵다면, 세숫대야를 사용하는 것도 좋습니다. 작은 테이블이나 선반에 세숫대야를 놓아서 아이가 씻을 수 있게 해주세요.

아이의 눈높이에 맞추어 작은 거울을 놓아두는 것이 좋습니다. 마찬가지로 거울도 아이의 키가 커지면 그에 맞춰 위치를 바꿔주세요.

기타 실내공간

현관에는 아이가 스스로 신발을 신고 벗을 수 있게 키에 맞는 벤치나 의자를 둡니다. 아이의 손이 닿는 높이에 외투 걸이를 두는 것도 좋습니다. 아이가 집에서 나갈 때나 집으로 들어올 때 겉옷을 걸어두거나 꺼내입으면서 자율성을 키울 수 있습니다.

주방은 많은 것을 바꿀 필요가 없습니다. 아이가 잘 걷게 되면 아이의 손이 싱크대와 조리대에 닿을 수 있게 계단이나 발 받침이 필요합니다. 주방에 아이가 들어오면 특히 더 신경 써야 합니다. 아이에게 모든 잠재적인 위험에 대해 이해하기 쉽게 반복해서 설명해주어서 아이를 안전하게 보호해야 합니다.

아이의 식탁 의자는 성장단계에 따라 바꾸는 것이 좋습니다. 의자는 아이가 바른 자세로 앉을 수 있고 발이 공중에 뜨지 않게 발 받침이 있거나, 의자 높이가 낮아서 아이가 앉았을 때 발이 바닥에 닿을 수 있는 제품을 선택해야 합니다.

식탁도 의자의 크기에 맞춰 높이를 조절할 수 있는 제품이 이상적입니다. 여러 브랜드에서 높이를 조절할 수 있는 식탁과 의자를 선보이고 있습니다. 상황에 맞춰 높이를 조절할 수 있는 의자를 사용하면 아이 몸에 맞는 작은 테이블과 함께 놓고 사용할 수도 있고, 어른과 함께 식탁에 앉아 식사할 때도 사용할 수 있습니다.

간단한 집안일은 아이에게 맡기는 것도 좋습니다. 자기가 있던 자

리 치우기, 이불 정리, 자기 옷 개기, 입을 옷 고르기, 옷이 더러운지 깨끗한지 스스로 판단하기, 빨래통에서 색깔 옷과 흰옷 구별하기, 물건 가져오기, 자기가 떨어트린 물건 줍기, 휴지통에 쓰레기 버리기 등과 같은 사소한 일을 아이가 책임지고 맡아서 할 수 있게 하세요.

실제 생활에서 하는 활동이 얼마나 중요한지는 아무리 강조해도 모자랍니다. 아이의 집중력과 정리능력이 모두 필요한 활동이지요. 게다가 이러한 활동을 통해 아이는 독립적이고 주어진 일을 할 수 있는 능력이 있는 사람으로 자라며, 자기 자신을 자랑스러워하게 됩니다. 따라서 집안일은 아이에게 자신감을 키워주는 좋은 활동이지요. 아이가 집에서 온전히 편안함을 느끼고 성장하기를 원한다면 마음껏 집 안을 돌아다니고 탐색하게 해주세요.

만약 옥상이나 마당 같은 실외공간이 있다면 놀이와 관련된 요소를 잊지 말고 꼭 배치해주세요. 놀이뿐만 아니라 실외공간을 유지하고 관리하는 활동도 아이에게 맡기면 좋습니다. 식물을 키우는 것도 물론 좋지요!

아이의 발달 속도와 필요에 맞는 환경

영양 섭취

★ 식사, 관계가 풍요로워지는 시간

식사는 가족이 한자리에 모이는 시간입니다. 갓난아기에게 식사란 다른 사람과 밀접하게 접촉하는 시간입니다. 수유하는 사람과 아기의 몸은 착 달라붙습니다. 이처럼 **가까운 관계는 아이가 먹는 젖이나 우유만큼이나 아이를 풍요롭게 합니다.** 아이는 자기 주변에 존재감 있게 항상 있어주는 누군가가 필요합니다.

아이가 분유를 먹으면 엄마 외에 다른 사람도 아이에게 수유할 수 있어서 엄마에게 좋고, 우유를 먹이는 사람도 '성스러운' 식사시간을 통해 아이와 관계를 맺을 기회를 누릴 수 있다는 장점이 있습니다. 갓난아기는 자기에게 먹을 것을 주는 동안 다른 사람들과 친밀한 관계를 형성하기 때문입니다.

한편 모유 수유를 하면 엄마와 아기는 아주 친밀한 신체 접촉을 할 수 있습니다. 그리고 그 순간 아이의 정신적 영양도 채워지지요. 아이는 자기에게 몸을 숙이고 자신을 바라보는 사람의 얼굴과 시선에서 정서적인 양분을 채웁니다. 그리고 자기에게 젖을 물리는 엄마의 눈을 똑바로 바라보며 엄마의 심장 박동을 느낍니다. 모유 수유는 분명 아이에게 젖을 먹이는 행위지만, 그와 동시에 아이에게 행복감을 주고 평온함을 주기도 합니다.

좋은 사람과 함께 식사하는 것에 대한 선호와 이를 통해 느끼는 사회적 쾌락은 인간의 특징 중 하나입니다. 밥상 앞에 모여 즐겁게 식사하는 동안 우리는 서로 주고받는 말보다 더 많은 것을 공유합니다. 아이가 커서 숟가락으로 밥을 먹게 되면, 식사시간을 통해 맺는 관계를 가족의 품 안에서 편하게 먹은 우유만큼이나 좋아하게 됩니다. 아이는 식사 준비를 돕는 것도 좋아합니다. 맛있는 식사만큼이나 함께 상을 차리는 것도 좋아한답니다.

★ 모유 수유

모유는 매우 특별한 장점이 있습니다. 아기가 세상에 태어난 직후 처음 나오는 젖을 초유라고 합니다. 초유는 영양소가 매우 풍부하며 지방질이 없습니다. 이후 아이가 계속 젖을 먹으면 모유의 성분은 아이의 필요에 따라 변합니다. 아이에게 지방질이 필요하고 아이의 소화 기능도 발달하면 모유의 지방 함유량도 높아집니다.

모유는 알레르기를 예방하는 데도 탁월한 역할을 합니다. 모유 수유는 아이를 적극적으로 만든다는 장점도 있습니다. 아이가 젖을 빨아서 원하는 만큼 먹기 때문이지요. 그리고 실제로 포만감을 느끼면 아이는 젖을 그만 먹습니다. 아이는 절대로 너무 많이 먹지도 않고 너무 적게 먹지도 않습니다. 그래서 장기적으로 볼 때 훌륭한 식습관을 형성하는 데 도움이 됩니다. 첫 몇 주 동안에는 아이가 원하는 대로 모유를 주기 때문에, 아이는 얼마 지나지 않아 자연스럽게 섭취량을 스스로 조절할 수 있습니다.

★ 젖/분유 떼기

자, 이제 아이가 많이 자라서 젖과 분유를 떼야 할 때가 되었습니다. 몬타나로 박사는 생물학적 독립으로 향하는 여정과 정신적 독립으로 향하는 여정을 분리해서 생각하지 말아야 한다고 주장했습니다. 다시 말해 이가 나고 위에서 새로운 소화액이 분비되어서 고형 음식물을 소화할 수 있게 되면 우유를 떼야 할 시기가 다가온 것입니다. 모유를 뗄 때까지 엄마 몸의 철분 수치는 감소합니다.

젖을 뗄 준비가 된 아이는 앉아 있을 수 있고 수유할 때는 몸을 일으키며 자세 바꾸기를 원할 거예요. 아이는 엄마에게서 멀리 떨어진 곳으로 기어가서 탐험하고 싶어 합니다. 이 모든 것이 아이와 엄마가 떨어질 준비가 됐다는 신호이지요. 이러한 신호가 복합적으로 나타날 때가 바로 수유를 중단할 때가 된 것입니다. 아이가 언제 젖(혹은 분유)을 뗄지 선택하는 것이지요.

저 또한 다섯 아이를 키우며 같은 경험을 했습니다. 어느 날 아침 아이들은 갑자기 모유를 거부했습니다. 시기는 조금씩 달랐지만, 생후 9개월에서 13개월 사이였지요. 때가 되면 아이가 스스로 젖이나 분유를 찾지 않기 때문에 **수유 중단에는 정해진 시기가 없다**는 사실을 경험을 통해 확실히 알 수 있었습니다.

★ 숟가락으로 먹이기

그동안 모유를 먹였든 분유를 먹였든 간에, 모유나 분유를 떼고 아이에게 다양한 음식을 먹이기 시작했다면 젖병보다는 숟가락을 사용하는 것이 좋습니다. 가능하면 젖병은 우유를 먹일 때만 사용하세요. 식사시간에는 숟가락을 쓰도록 합니다.

아이가 숟가락을 쓰기 시작하면 또다시 새로운 관계가 시작됩니다. 이번에도 역시나 호의적인 관계지요. 처음에는 아주 작은 찻숟가락이나 유연한 소재의 숟가락을 사용하는 것이 좋습니다. 시간이 지나면서 작은 포크나 끝이 둥근 나이프와 같은 다른 도구들을 차근차근 사용하는 것이 좋습니다. 아이 물컵으로 꼭 스파우트 컵이나 빨대컵을 사용할 필요는 없습니다. 식탁이나 밥상에서 식사를 하기 때문에 오히려 일반 물컵을 쓰는 것이 더 좋지요.

아이가 스스로 먹으려고 한다면 그렇게 하도록 내버려두세요. 아이가 스스로 먹으면 지저분해지고 시간도 오래 걸린다는 이유로 혼자 먹게 내버려두지 않는 경우가 많습니다. 하지만 아이가 스스로 하고 싶은 충동을 느낄 때는 아이의 의사를 존중하는 편이 더 좋습니다. 아이가 스스로 밥을 먹으려고 할 때 너무 어리다는 이유로 못 하게 하면, 나중에 커서도 스스로 먹지 않으려고 해서 세 돌이 지났는데도 밥을 떠먹여 줘야 하는 경우가 종종 있습니다.

아이가 스스로 밥을 먹으면 온통 금방 지저분해집니다. 이러한 상황에 대비할 수 있는 몇 가지 방법이 있습니다. 필요한 경우 비닐 등을 깔아 식탁과 바닥이 더러워지지 않게 하고, 아이에게는 소매가 있는 긴 팔 턱받이를 입히거나 흘린 음식을 받을 수 있는 실리콘 턱받이를 채우는 것이 좋습니다. 식판이나 밥그릇은 쟁반 위에 놓는 것이 좋고, 흡착식 식판을 사용하는 것이 좋습니다.

시간이 빠듯해서 식사를 빨리 끝마쳐야 할 경우, 숟가락 두 개를 이용하면 식사시간을 줄일 수 있습니다. 하나는 아이에게 쥐여줘서 자기 속도대로 먹게 해주고, 나머지 하나로는 적당한 간격을 두고 부모가 먹여주면 됩니다. 아이가 스스로 먹는 것은 자율성을 학습하고 자신감을 얻는 데 필요한 단계입니다. 조금 더러워지는 것은 아주 사소한 문제에 불과하지요.

"엄마에게는 인내심과 사랑이 매우 필요한 아주 중요한 임무가 주어진다. 엄마는 아이의 몸과 마음을 동시에 풍요롭게 해주어야 하며, 정신을 우선시해야 한다는 사실을 알아야 한다. 이때 청결에 대한 생각(평소에는 매우 칭찬받아 마땅하지만)은 잠시 접어두어야 한다. 왜냐하면 가장 중요한 일은 청소가 아니기 때문이다. 이제 막 스스로 먹기 시작한 아이는 깔끔하게 먹는 법을 모르고 주변을 많이 더럽힌다. 스스로 먹는 활동에 대한 아이의 자연스러운 충동을 위해 청결은 잠시 포기해야 한다."[18]

★ 몸과 마음을 채우는 식사

식사는 당연히 영양 측면에서 균형이 잘 잡혀야 합니다. 그런데 정서적으로도 균형 잡힌 식사가 매우 중요합니다. 가족적인 분위기와 사회적인 측면이 중요하다는 점을 기억해야 합니다. 특히 식사 중에는 언성을 높이지 않도록 해야 합니다.

아이는 배가 고파지면 허기를 느낍니다. 자신의 식욕에 맞게 적당한 양을 섭취하는 아이는 건강합니다. 아이가 먹을 양을 직접 정하지 않았는데 그릇에 담긴 음식을 다 먹으라고 강요하는 것은 바람직하지 않습니다. 그보다는 아이가 얼마나 배고픈지에 따라 스스로 음식량을 조절하게 해주거나, 자기가 원하는 만큼 음식을 덜어 먹게 해주는 것이 더 좋습니다. 남은 음식을 버리는 것은 너무 아깝지요. 아이가 다 먹을 수 없을 정도로, 혹은 원치 않는데 너무 많이 떠서 남은 음식을 버리는 것보다, 처음에 음식을 조금만 덜고 더 달라고 하면 그때 더 주는 것이 좋습니다.

어떤 이들은 원칙적으로 음식을 남기지 말고 다 먹어야 한다고 생각합니다. 우리가 어렸을 때부터 음식을 남기지 말아야 한다는 말

---

18 Maria Montessori, *L'Enfant dans la famille*, Desclée de Brouwer, 2007. (『가정에서의 유아들』, 다음세대, 1998)

을 줄곧 들어온 것은 사실이지만, 반드시 지켜야만 하는 원칙인 걸까요? 기아 문제가 심각한 나라에서는 음식을 남기고 버리는 행위에 대한 인식이 바뀌지는 않겠지만, 일반적으로 비도덕적인 행위는 아닙니다. 억지로 음식을 남기지 말라고 강요하면 배고플 때만 먹고자 하는 자연스러운 반사 신경을 잃을 수도 있으며, 이는 장기적으로 볼 때 건강상 심각한 결과를 초래할 수도 있습니다.

식사할 때 중요한 것은 건강을 유지하고 포만감을 아는 것입니다. 이는 분유를 먹일 때도 마찬가지입니다. 저는 아이의 개월 수에 따른 분유 섭취량이 정해진 이유를 이해할 수가 없습니다. 우리의 식욕처럼 아이의 식욕도 존중받아야 마땅합니다.

아이의 식욕을 존중하면, 몸과 마음을 풍요롭게 하는 교류의 시간이어야 하는 식사시간이 힘겨루기와 때로는 고문이 되는 것을 막을 수 있습니다. 아이에게 남은 음식을 먹이려고 코를 잡아 입을 억지로 벌리게 한 사람도 있다는 이야기를 들은 적이 있습니다. 우리 아이에게 그렇게는 하지 말아야겠지요. 식사가 기 싸움으로 변질되지 않도록 주의하세요. 그렇지 않으면 부모는 물론이고 아이도 식사에 대한 그릇된 인식을 하게 됩니다.

"밥 다 먹을 때까지 움직이지 마"라고 하면서 식탁에 아이를 억지로 붙잡아두는 것도 하지 말아야 할 행동 중 하나입니다. 아이가 가끔 밥을 잘 안 먹는다고 그렇게까지 걱정할 이유가 있을까요? 식욕과 식사량은 천차만별입니다. 원래 식욕이 적고 조금 먹는 사람도 있고 식욕이 왕성하고 많이 먹는 사람도 있지요. 우리의 식사량이 보편적인 것은 아니지요. 그리고 우리의 식욕과 식사량도 그때그때 달라집니다.

아이의 식욕도 존중해주세요. 우리가 음식과 맺는 관계를 다룰 때는 매우 신중하게 접근해야 합니다. 음식과 맺는 관계에서 고통을 느끼는 많은 사람이 섭식장애를 앓고 있습니다. 아이가 차분히 식사할 수 있도록 배려해야 합니다.

그런데 아이가 끼니로 제공되는 음식을 모두 맛보게 하는 것은 바람직합니다. 모든 음식을 다 좋아하지 않아도 되지만 맛은 보아야 한다고 잘 설명해주세요. 먹어보지 않고 맛을 평가할 수는 없으니까요. 그리고 일단 맛을 한번 보아야 자기가 어떤 음식을 좋아하는지 알 수 있고, 커가면서 다양한 맛을 좋아하게 된다는 사실도 설명해주어야 합니다. 아이의 입맛을 존중해주세요.

여러분은 식사에 초대한 친구에게 무조건 음식을 다 먹어야 한다고 강요하나요? 우리 아이가 편식하지 않고 뭐든 잘 먹는 아이가 되기를 바란다면, 채찍보다는 당근이 더 좋은 방법일 거예요. 특히 아이가 먹는 속도를 존중해주어야 합니다. 우리가 골고루 먹는 모습을 보여주는 것이 편식하지 않는 습관을 길러줄 수 있는 가장 이상적인 방법이랍니다.

잠

수면의 질은 아이 성장에 있어 매우 중요한 요소입니다. 잠을 잘 자면 아이의 신체, 지능, 정신 건강은 좋은 상태로 유지됩니다. 수면의 질은 수면량만큼이나 중요합니다. 아이는 자는 동안 자랍니다. 아이는 자면서 깨어 있는 동안에 축적한 정보를 내재화하고 에너지를 충전합니다.

아이가 잘 자려면 어떻게 해야 할까요? 정답은 간단합니다. 아이의 자기조절 능력을 믿으세요. 부드럽고 유연하지만 단호하게, 하지만 서두르거나 걱정하지 말고 아이를 꿈나라로 이끄세요. 자기만의 뇌 성숙 계획에 따라 아이의 수면도 바뀐다는 사실을 믿어야 합니다. 따라서 몇 개월이 되면 통잠을 자야 하고, 몇 개월에는 낮잠을 한 번 자거나 두 번 자야 한다는 기준은 없습니다.

아이의 수면 패턴이 어떻게 변하는지 지켜보세요. 아이의 수면에는 특별한 비결도 없고 방법도 없습니다. 다만 아이마다 고유의 리듬이 있을 뿐이지요. 좋은 수면 습관을 형성하기 위한 여러 가지 조언을 할 수는 있지만, 아이의 수면과 관련해서는 그 무엇도 강요할 수 없습니다.

생후 첫 몇 달 동안은 우리의 수면 패턴에 아이를 맞추기보다는 아이의 수면 패턴을 받아들이기 위해 노력해야 합니다. 갓난아기는 생후 2개월까지 우리의 수면과는 완전히 다른 수면 단계를 보입니다.

| 아이들의 수면주기 |

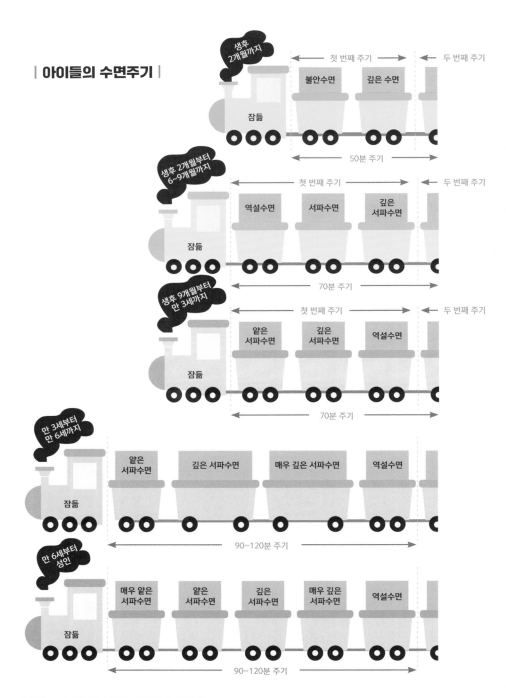

생후 2개월까지

첫 번째 주기
두 번째 주기

잠듦 | 불안수면 | 깊은 수면

50분 주기

생후 2개월부터 6~9개월까지

첫 번째 주기
두 번째 주기

잠듦 | 역설수면 | 서파수면 | 깊은 서파수면

70분 주기

생후 9개월부터 만 3세까지

첫 번째 주기
두 번째 주기

잠듦 | 얕은 서파수면 | 깊은 서파수면 | 역설수면

70분 주기

만 3세부터 만 6세까지

잠듦 | 얕은 서파수면 | 깊은 서파수면 | 매우 깊은 서파수면 | 역설수면

90~120분 주기

만 6세부터 성인

잠듦 | 매우 얕은 서파수면 | 얕은 서파수면 | 깊은 서파수면 | 매우 깊은 서파수면 | 역설수면

90~120분 주기

갓난아기는 잠이 들자마자 꿈을 꾸고 동요 상태가 되는 역설수면 단계에 바로 접어들기 때문입니다. 갓난아기는 좀 더 큰 아이나 어른과는 다르게 잠이 든 이후 서파수면 단계를 거치지 않습니다. 그리고 첫 번째 수면 단계에 몸짓을 많이 하므로 잠을 깊이 잘 수 없습니다.

역설수면은 아이가 자아를 구축하는 데 도움을 주므로 잘 유지하도록 하는 것이 중요합니다. 역설수면이 뇌의 구성에 중요한 역할을 하기 때문입니다. 역설수면 후에는 깊은 수면이 이어집니다. 아이는 기본적인 욕구가 충족되면 마치 아직도 엄마 배 속에 있는 것처럼 안정감을 느끼며 평온하게 잠을 잘 수 있습니다.

태어나서 처음 한 달 동안은 밤낮 구분 없이 하루에 16시간에서 20시간 동안 잠을 잡니다. 생후 4~8주 사이에 체중, 위의 크기, 발

달 정도에 따라 밤잠 시간이 더 길어지면서 아이는 24시간 주기를 조금씩 익히기 시작합니다. 이 시기의 갓난아기는 우리가 어떻게 돌보는지와는 상관없이 맥박, 체온, 혈압 등 모든 신진대사가 매일 밤 바뀝니다.

갓난아기의 수면은 인위적으로 만들어내는 습관과는 연관이 없습니다. 시간이 지나면서 자연스럽게 밤중 수유 간격도 길어지게 됩니다. 생후 2개월경 아기의 체중은 5킬로그램 정도가 되고 밤잠을 짧게 자기 시작합니다. 이 시기의 아기는 하루 24시간 중 5~6회 수유를 하며, 적게는 하루에 4번만 먹기도 합니다. 모유를 먹는 아이도 자연스럽게 수유 횟수가 줄어듭니다. 수유 횟수가 많이 줄지 않는다고 걱정할 필요는 없습니다. 그러기에는 아직 이르니까요.

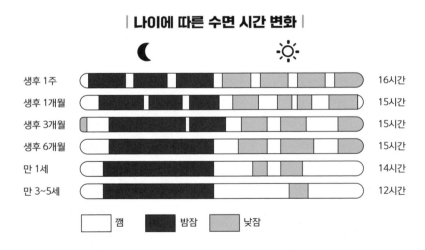

| 나이에 따른 수면 시간 변화 |

생후 1주	16시간
생후 1개월	15시간
생후 3개월	15시간
생후 6개월	15시간
만 1세	14시간
만 3~5세	12시간

깸 밤잠 낮잠

아이의 숙면을 위한
간단한 규칙

★ 처음에는 아기의 자연스러운 수면 리듬을 따르고, 점차 규칙적으로 낮잠을 잘 수 있도록 유도한다. 낮잠은 오전에 한 번, 오후에 한 번 자는 것이 바람직하다. 아이가 자라면 자기 리듬에 맞춰 오전 낮잠을 건너뛰기도 한다. 오전 낮잠을 더는 자지 않는 시기는 아이마다 각기 다르다.

★ 아이가 구체적으로 무엇을 원하는지 잘 관찰하고 파악하여 아이의 욕구를 충분히 고려하라. 선천적으로 잠이 많은 아이가 있고 잠이 적은 아이가 있지만, 대부분의 아이는 일찍 잠자리에 누워야 쉽게 잠들 수 있다.

★ 가능한 한 자는 아이를 절대로 깨우지 마라. 특히 생후 3주 동안은 이 원칙을 지켜야 한다. 물론 당장 병원에 가야 할 정도로 건강 상태가 위독할 경우는 예외다.

★ 아이를 잠자리에 눕히기 전에 아이의 마음을 진정시킬 수 있는 기분 좋은 루틴을 만드는 것도 좋다. 그러나 수면의식 요소 중 어느 하나라도 빠뜨리지 않아야 한다는 생각으로 기계적으로 루틴에 집착하는 것은 좋지 않다. 왜냐하면 특정 요소에 대해 아이의 의존도가 높아지면 장기적으로 볼 때 신뢰감을 주는 대신 아이를 불편하게 할 수도 있기 때문이다.

잠자리 주위에는 아이가 어떠한 부담도 느끼지 않게 긴장을 풀어줄 수 있는 분위기를 조성하는 것이 중요하다. 아이를 재우기 전에 "잘 자고 이따 또 재밌게 놀자"나 "좋은 꿈 꾸고 내일 아침에 만나자" 등과 같은 짧은 인사를 하면 아이가 낮잠과 밤잠을 잘 구분할 수 있다.

아이가 불안해하면 "네가 자는 동안에도 엄마, 아빠는 너를 많이 사랑한단다"라고 말하며 아이를 안심시켜준다. 엄마나 아빠의 체취가 밴 물건은 아이의 불안감을 달래는 데 도움이 된다. 작은 인형을 주는 것도 좋다(소아정신과 용어로 '과도대상'이라고 부른다). 인형 한 개도 괜찮지만 여러 개를 주면 아이가 하나의 물건에만 지나치게 집착하는 것을 막을 수 있다. 아이가 애착 대상에 과도하게 의존하지 않게 하는 것이 핵심이다.

노래를 너무 많이 들려준다거나, 불빛이 나오고 너무 큰 소리가 나고 움직이는 자동 모빌을 보여주는 것처럼 아이를 계속 깨어 있게 하는 모든 요소는 제거해준다. 아이를 재우기 위해 일종의 수면의식을 정하고 너무 기계적으로 지키려고 하지 마라. 그래야 아이가 잠들기 위한 수면의식 중에 일정한 요소에 지나치게 의존하는 일을 막을 수 있다.

수유하고 기저귀를 갈 때는 낮과 밤에 하는 방식을 달리하여 아이가 낮과 밤을 구분할 수 있게 해주는 것이 좋다. 밤에는 차분한 분위기를 유지하고 아이에게 속삭이며 불을 밝게 켜지 않는다.

★ 아이가 누워 잠드는 습관을 들인다. 품에 안겨 자거나, 엄마나 아빠 곁에 꼭 붙어 자거나, 젖을 물며 자는 습관을 들이지 않는 것

이 좋다. 아이가 깨서 뒤척이거나 우는 소리가 들려도 성급하게 들여다보지 않도록 한다. 아이에게 혼자 다시 잠들 기회를 주고 부모도 긴장을 풀고 편하게 쉬어야 한다.

★ 앞서 두 개의 표를 통해 설명한 아이의 수면 주기를 이해하고 잘 지켜주는 것이 좋다. 갓난아기의 불안수면 단계에 대해 잘 모르고 아이의 수면 주기를 무시하면, 장기적으로 취침이나 수면에 문제가 생길 수 있다. 아기의 자연적인 수면 리듬을 거스르는 것은 규칙적인 수면 주기에 따라 편히 잘 수 있는 순간을 미루는 것이다. 피곤한 아이는 흥분한 기색을 보이기도 한다.

아이가 피곤해하는 신호를 잘 알아차리면 아이가 자고 싶어 하는 욕구를 더 잘 충족시켜줄 수 있다. 어쩌면 아이는 몇 분 동안 울고 싶어 할 수도 있다. 하지만 반드시 아이가 스스로 잠들 수 있게 내버려두어야 한다. 빨리 아이를 재우려고 안고 지나치게 흔들면 오히려 아이가 계속 깬 상태를 유지하게 될 수도 있다.

마리아 몬테소리가 남긴 말을 명심하자.

"불필요한 도움은 걸림돌이다."

즉, 불필요한 도움은 아이를 돕는 대신 방해만 할 뿐이다. 아이를 재우려고 애쓰다 보면 때로는 아이가 잠드는 것을 방해할 수도 있다.

배변훈련

제가 이 책에서 배변훈련을 뜻하는 표현인 '청결훈련(propreté)'이라는 프랑스어 단어 대신 같은 뜻의 영어 표현인 'potty training(변기훈련)'을 사용한 데는 나름의 이유가 있습니다. 저는 평소에 아이의 배변훈련에 관해 이야기할 때 왜 '청결'이라는 단어를 쓰는지 종종 의문이 들었습니다. 저도 이 표현을 가끔 사용합니다만 '청결'이라고 얘기하면 아이가 기저귀를 하는 것이 더러운 것 같다는 생각이 들었어요. 하지만 기저귀가 더러운 것은 아니지요. 아이에게 피부에 좋지 않은 기저귀를 채우는 사람은 사실 부모입니다. 아이가 그렇게 해달라고 한 것도 아닌데 말이지요.

저는 중국에서 아이들이 기저귀를 하지 않고 아래에 구멍이 뚫린 바지를 입는 것을 보고 깜짝 놀랐습니다. 그곳의 아이들은 자기의 몸을 더럽히지 않고 아무 데나 볼일을 보지요. 사실 그게 맞습니다. 반면 프랑스의 부모들은 아이에게 기저귀를 채워서 배설물이 피부에 계속 닿아 있게 하는 데 익숙해져 있습니다. 변을 볼 때마다 기저귀를 바로 갈아주지도 않아서 엄청나게 찝찝한 느낌에 아이가 익숙해지게끔 합니다.

제가 속으로는 기저귀가 매우 편하고 실용적이라고 생각하면서 기저귀를 쓰는 것이 나쁘다고 지적하려는 것은 아닙니다. 다만 기저귀가 가지고 있는 양면성에 대해 우리 모두가 알아야 한다고 생각합니다.

★ 천연 소재 기저귀나 재활용할 수 있는 천 기저귀는 현명한 선택일 수 있다.

★ 아이에게 변기에 볼일을 보는 것에 대해 계속 인지를 시켜주는 것이 중요하다. 변기에 용변을 보는 것이 일상생활의 일부라는 점을 아주 어릴 때부터 알려주면서 일찍부터 아기 변기를 놔주는 것이 좋다.

아기 변기를 아이 방에 놔두고 변기에 앉도록 점진적으로 유도합니다. 시간이 좀 더 지나면 주기적으로 변기에 앉히도록 합니다. 아이가 변기에 앉은 채로 대화를 나누거나 장난감을 가지고 놀거나 책을 읽는 등 편안한 시간을 보낼 수 있게 하는 것이 좋습니다.

이외에도 배변훈련을 돕는 방법이 많이 있습니다. 배변훈련을 할 때는 '결과를 기다리는 것' 같은 부담감을 주지 않아야 합니다. 그러다 보면 어느 날 아이가 깜짝 선물처럼 변기에 쉬를 하거나 응가를 할 거예요. 이때 마음껏 기뻐하며 열정적으로 아이를 칭찬해주어야 합니다. 그러면 아이는 또 변기를 사용하고 싶어 할 거예요. 아이와 함께 아기 변기통을 실제 변기에 비우고, 아이가 변기물을 내리게 해주세요. 아이는 다른 사람을 모방하는 것을 좋아하기 때문에 자신이 어른처럼 행동한 것에 큰 만족감을 느낍니다.

아이는 성공적으로 변기를 사용하게 되면 기저귀의 뽀송뽀송한 느낌을 전보다 자주 느끼며 좋아할 거예요. 이제 선순환이 일어나게 되지요. 아이가 주기적으로 화장실을 가게 되면, 기저귀를 벗자고 해보세요. 특히 집에 있는 동안에는 기저귀를 채우지 않도록 하세요. 배변훈련은 날씨가 따뜻한 계절에 하는 것이 좋습니다. 하지만 아이가 겨울에 기저귀를 뗄 준비가 되었다면, 아이에게 엄마 아빠는 괜찮으니 이제 기저귀를 하지 않아도 된다고 설명하고 기저귀를 더는 채우지 않는 것이 좋습니다.

아이가 서게 되면, 아이가 선 채로 기저귀를 갈아줄 수 있습니다. 18개월에서 만 2세 사이에 어느 정도 배변훈련이 된 아이들은 보통 더는 기저귀를 하고 싶어 하지 않습니다. 어떤 아이들은 낮 기저귀를 뗄 때 밤 기저귀도 한꺼번에 떼기도 하지만, 또 어떤 아이들은 밤 기저귀를 떼는 데 시간이 더 걸리기도 합니다.

그런데 밤 기저귀 떼기가 어려운 이유는 어쩌면 이불을 빠는 것이 귀찮아서, 그래서 아이가 이불에 쉬를 하는 것이 불안해서 아이에게 기저귀를 하고 자도록 유도하기 때문은 아닐까요? 도톰한 방수 시트나 방수 매트를 이용하면 아이가 실수할 때마다 매트리스 커버를 빨아야 할 필요가 없습니다. 아이가 좀 더 크고 나면 혹시 자다 실수하더라도 스스로 방수 시트를 벗겨 내놓을 수 있습니다.

배변훈련의 핵심은 아이가 준비될 때를 기다리고 아이의 속도를 따르는 것에 있습니다. 대소변을 가리는 것은 아이의 뇌 발달단계를 따르기 때문입니다. 저는 제 다섯 아이 중 하나를 보며 이 원칙을 잘 이해하게 되었습니다. 아이가 어느 순간 스스로 기저귀를 벗어놓았습니다. 이런 일이 서너 번 반복되자 저는 아이가 기저귀를 떼고 싶어 한다는 사실을 알게 되었지요. 그래서 배변훈련을 시작했고, 아이는 일주일 만에 낮 기저귀와 밤 기저귀를 동시에 뗐습니다. 아이가 자기의 욕구를 표현했던 것이지요.

아이가 기저귀를 벗어 던지는 모습을 보면 꾸짖으면서 다시 기저귀를 채우는 어른도 있을 거예요. 그러나 저는 아이가 기저귀에 볼일을 보자마자 불편해하는 것을 관찰을 통해 알게 되었습니다. 이보다 더 정확한 신호가 어디 있겠어요? 여기서도 역시나 중요한 것은 바로 '관찰'입니다. 그리고 아이의 속도를 존중하고, 말로 잘 설명해 주고, 아이를 응원하고, 억지로 강요하거나 실수했다고 나무라지 않고 충분히 기다려주면 됩니다.

기저귀를 뗀 후에는 아이가 원할 때를 제외하고는 기저귀를 다시 채우지 말아야 합니다. 옷차림은 특히 편한 것으로 신경 써서 입히고 멜빵바지 같은 옷은 입히지 않는 것이 좋습니다. 진짜 팬티를 바로 입히기 전에 입고 벗기 쉬운 배변훈련 팬티를 사용하는 것도 좋습니다.

어찌 됐든 배변훈련은 부모가 편하려고 하는 일도 아니고 자랑스러워할 일도 아닙니다. 아이가 괄약근과 배뇨근을 조절할 수 있을 만큼 신체적으로 충분히 성숙해야 하며, 지능과 감성도 성숙해야 배변훈련을 시작할 수 있습니다.

배변훈련과 관련하여 건강상의 문제나 심리적인 문제같이 더 큰 어려움을 겪는 아이도 있습니다. 부모가 너무 성급하게 배변훈련을 시켜서 이런 문제가 발생하기도 합니다. 만 4세 이후에도 소변을 가리지 못하면 유뇨증일 수 있으니 병원에서 치료를 받는 것이 좋습니다.

마음을 안정시키고 즐거움을 주는 환경

아이에게 맞는 환경을 마련하는 것은 아이의 발달에 방해가 되는 걸림돌을 제거하는 것이기도 합니다.

"모든 교육적인 시도를 하기에 앞서, 아이의 감춰진 정신적인 특성을 발현하기에 가장 좋은 분위기를 만들어주어야 한다. 좋은 교육 환경을 만들기 위해서는 걸림돌을 제거하는 것만으로도 충분하다. 이것이 바로 교육의 첫걸음이자 기초다."[19]

그렇다면 아이의 발달을 방해하는 가장 큰 걸림돌은 무엇일까요? 바로 아이가 이전부터 오랫동안 계획하고 체계화한 활동을 하지 못하게 막는 것입니다. 인간의 잠재적인 발달 과정을 지켜주어야 합니다. 아이는 자기 뜻대로 움직이고 조작하며 자신을 완성하기 때문에, 아이가 자발적으로 무엇인가를 하고자 할 때는 내버려두어야 합니다.

방해물을 없애는 것은 지나치게 많은 자극을 주지 않는 것이기도 합니다. 아이에게 주는 감각 자극을 체계적으로 정리해야 합니다. 이를 위해 아이의 성장에 따라 더 넓은 공간을 마련해주는 것이 좋습

---

19 Maria Montessori, *L'Enfant*, Desclée de Brouwer, 2006, 129쪽. (『어린이의 비밀』, 지식을 만드는 지식, 2014)

니다. 우선 공간마다 경계를 지으면, 아이가 놀이 공간을 다른 공간과 구별할 수 있고 머릿속에 경계를 그릴 수 있습니다. 그리고 놀이 공간으로 가서 아주 안전하게 탐색할 수 있습니다.

같은 이유로 한 번에 너무 많은 놀이나 활동을 제안하지 않는 것이 좋습니다. 놀잇감의 양을 제한해야 합니다. 장난감이나 교구가 너무 많으면 아이는 혼란을 느낄 수 있고, 자율성을 키우는 데도 방해가 되기 때문입니다. 너무 많은 활동은 아이의 발달을 늦출 수도 있습니다.

장난감 없이 놀기

놀이에 장난감 자체가 꼭 필요한 것은 아닙니다. 물론 마리아 몬테소리가 만든 최초의 어린이집에도 장난감이 많이 있었지만, 그녀는 아이들이 얼마 지나지 않아 장난감을 팽개치고, 집에서는 자신에게 허락되지 않았던 실제 사물과 일상적인 상황에 더 흥미를 갖는 것을 보았습니다.

몬테소리는 아이들이 다른 더 좋은 것이 없고 오직 장난감만 있을 때는 장난감을 가지고 노는 데 만족하지만, 자신들이 할 수만 있다면 더 고차원적인 활동, 다시 말해 건설적인 활동을 늘 열망한다고 생각했습니다. 그녀는 자신의 저서 『어린이의 비밀』에서 아이가 장난감을 가지고 노는 데 만족하는 것은 어쩌면 "어른이 아이가 노는 동안, 특히 장난감을 가지고 노는 동안에만 아이를 자유롭게 해주기 때문일 수도 있다"라고 서술했습니다.

그런데 아이는 자기가 세상에 적응하는 데 도움이 되는 활동이나 사물에 특히 끌립니다. 아이에게는 '진짜'가 필요합니다. 만 3세까지는 세상을 이해하기 위해 실제 삶과 연결되고자 하는 욕구가 있습니다. 아이가 좀 더 자라야 놀이를 통해 즐거움을 느끼는 단계가 됩니다.

장난감에 대해 몬테소리는 다음과 같이 서술했습니다.

> "어른은 (…) 아이가 노는 동안, 특히 장난감을 가지고 노는 동안에만 아이를 자유롭게 해준다."
>
> 마리아 몬테소리, 『어린이의 비밀』

"아이에게 지능을 발달시킬 수단 대신 쓸모없는 장난감이나 쥐여준다. 아이는 모든 것을 건드리고 싶어 하지만, 어른들은 어떤 것은 건드리게 허락하고 어떤 것은 못 하게 한다. (…) 아이가 놀면서 어른들을 모방하고 싶다는 사실을 잘 알면서도 정작 아이에겐 그렇게 할 수 없는 것을 준다. 아이를 이렇게 조롱해도 되는지! (…) 장난감의 중요성이 너무 커져서, 사람들은 이제 장난감을 지능의 보조수단으로 여기는 지경에 이르렀다. 장난감이 없는 것보다야 분명 낫겠지만, 아이가 한 장난감에 빨리 질리고 금방 새로운 장난감을 원하는 것은 중요한 사실이다. 아이는 장난감을 일부러 부순다. 그러면 어른은 아이가 물건을 깨뜨리고 파괴하면서 즐거움을 느낀다고 결론을 내린다. 그러나 이것은 아이가 손으로 다루며 놀 만한 적절한 놀잇감이 없어서 인위적으로 발달한 특성이다. 장난감에는 현실성이 없어서 아이는 거의 흥미를 느끼지 못한다."[20]

아이에게 플라스틱으로 된 장난감 주방놀이 대신 깨져도 괜찮은 작은 접시처럼 아이의 능력에 맞는 진짜 물건을 주세요. 그리고 아이가 어른들을 따라 하고 실제 활동을 할 수 있게 해주세요. 아이는 '현실에 참여'하길 원합니다. 현실이야말로 아이가 흥미를 느끼고 지적으로 집중할 수 있는 대상입니다.

아이는 자신의 주변을 늘 탐색하고 싶어 합니다. 모든 공간이 아이의 관심을 끕니다. 우리는 자비로운 시선으로 아이를 지켜보며 위험으로부터 아이를 보호하면 됩니다. 안전과 청결을 기준으로 일정한 한계를 설정하세요. 아이로부터 자신이 속한 세계를 탐색하려는 열정을 빼앗지 마세요.

아이가 사물을 모으는 데 과도하게 흥미를 느끼지 않도록 주의하세요. 왜냐하면 그쪽으로 아이의 에너지가 과도하게 쏠리면서 신체 발달 활동에 흥미를 잃을 수 있기 때문입니다. 아이는 물건을 더 모으기 위해서 모든 힘을 쏟을 것이고, 자신이 원한 만큼 다 갖게 되면 더는 가지고 놀지 않습니다. 권력욕과도 같지요. 이에 대해 몬테소리는 "아이는 생명의 첫 단계에서부터 사랑(행위–편집자 주)과 소유 사이에서 결정을 내려야 하며, 대부분의 정신적인 일탈은 이러한

---

20 Maria Montessori, *Éducation pour un monde nouveau*, Desclée de Brouwer, 제10장. (『새로운 세상을 위한 교육』, 부글북스, 2020)

사랑과 소유의 관계에서 발생한 결과"[21]라고 말했습니다.

집안일을 할 때 아이가 '껌딱지'처럼 붙어 있으려고 하면, 아이가 한쪽에서 장난감이나 놀잇감을 가지고 가서 놀았으면 하는 마음이 가끔 들곤 합니다. 하지만 아이가 우리와 함께 진짜 삶에 참여하고 싶어서 그러는 것이랍니다. 그러니까 아이에게 너무 장난감만 가지고 놀게 하는 것은 아닌지 돌아보고, 만약 그렇다면 그렇게 하지 않도록 노력해야 합니다.

아이가 품고 있는 원대한 목표는 온종일 여기저기로 관심을 돌리며 노는 것이 아니라 자율적인 존재가 되는 것입니다. 진정으로 쓸모 있는 존재가 되어서 자신을 둘러싼 실제 세상에서 행동하고자 하는 아이의 기쁜 마음과 자발적으로 도약하려 하는 아이의 날개를 꺾지 않도록 주의해야 합니다.

아이는 뭔가를 하고 싶어 하고 노력하고 싶어 합니다. 가서 장난감이나 가지고 놀라고 하지 마세요. 아이를 비현실적인 상상의 세계로 돌려보내지 마세요. 아이에게 실제 활동을 하고 실생활 속에서 능력을 키울 권리를 주세

---

21 Maria Montessori, *L'enfant*, Desclée de Brouwer, 2006, 제32장. (『어린이의 비밀』, 지식을 만드는 지식, 2014)

요. 그렇지 않으면 아이는 나쁜 행동을 하거나 토라지거나 슬픔을 느끼거나, 장기적으로 정신적 고통으로 인한 신체적 고통을 느끼고 불안해하거나 혼란해질 위험이 있습니다.

아이는 놀면서 인생을 보내지만, 놀이는 아이에게 유희가 아니라 중요한 의미가 있는 일입니다. 어른은 기분을 전환하고 현실의 걱정을 잊기 위해 놀이를 하지만, **아이는 현실에 정착하고 적응하기 위해 놀이를 합니다.** 아이와 이야기할 때 놀이와 공부를 반대되는 개념으로 말하지 않도록 신경 써야 합니다. 아이가 활동하고 노력하는 즐거움을 계속 느낄 수 있게 해주어야 합니다.

놀이는 배우고, 연구하고, 가설을 세우고 검증하는 과정입니다. 우리 사회는 즐거움의 개념과 일이나 노력의 개념을 서로 상반된 것이라고 합니다. 아주 안타까운 일이지요. 하지만 우리가 이런 흐름에 맞설 수 있습니다. 아이는 현실에서 도피하고 빠져나오는 것을 원치 않습니다. 오히려 반대로 항상 더 자율적인 사람이 되기 위해 노력하고 싶어 하고 배우고 싶어 합니다. 그러니까 아이에게 도움이 되고 의미 있는 활동을 제시해주세요.

그렇다고 해서 장난감이나 놀이를 하지 말라는 의미는 아닙니다. 아이에게 장난감과 놀이만 허락하는 것이 아니라면 말이지요. 영유아 놀이는 마리아 몬테소리 시대 이후부터 미적인 측면과 마술적인 측면을 유지하며 많이 발달했으며, 현재는 수준 높고 교육적인 놀이도 많이 제시되고 있습니다. 중요한 것은 놀이의 양과 질입니다.

다시 말해 선택의 문제라는 것이지요. 그리고 그 선택은 우리 어른의 몫입니다.

장난감 고르기

장난감은 신중하게 골라야 합니다. 많은 장난감 회사에서 세련되고 멋진 장난감들을 선보이지만, 사실 아이들의 실질적인 욕구와 필요를 고려하지 않는 경우가 많기 때문입니다. 어떤 장난감은 어린이보다 부모의 시선을 붙잡는 데 치중하기도 하지요.

장난감의 기능

**장난감을 고를 때는 놀이의 목적,
다시 말해 장난감의 기능을 염두에 둬야 합니다.**

★ 집중력 개발에 도움이 되어야 한다.
★ 움직임의 협응을 이끌어내야 한다(대근육과 소근육).
★ 적응력과 자율성을 키우게 한다.
★ 감각을 발달시켜야 한다.
★ 개념의 이해를 도와야 한다.
★ 창의력과 상상력을 키우게 한다.
★ 규칙을 따르고 협동하는 법을 익히게 한다.
★ 물론 재미도 있어야 한다.
★ 즐기는 감각을 키우게 한다.

영아용 장난감 중 대부분은 한꺼번에 너무 많은 것을 노출해서 아이에게 과한 자극을 주기도 합니다. 예를 들어 원 안에 세 마리의 파란 소가 있고, 그 옆에 날개 모양은 삼각형인 다섯 마리의 분홍색 나비가 붙어 있는 장난감처럼 말이지요. 색깔, 형태, 수량, 크기 등 모든 개념이 한데 뒤섞인 장난감이 꽤 많습니다. 특히 영아를 위한 장난감이나 책 중에 이렇게 과도한 자극을 주는 제품이 정말 많습니다. 하지만 영아기는 식별 가능한 대상만을 볼 수 있고, 이를 통해 개별적으로 개념을 받아들이는 시기입니다.

가능하다면 목적이 뚜렷하되 너무 많지는 않고 적절한 감각 자극을 줄 수 있는 장난감을 골라야 합니다. 소재의 질도 중요하고 미

적으로도 보기 좋아야 합니다. 장난감이 너무 많이 있는 방에 들어가면, 마치 물건이 너무 많아서 뭘 사야 할지 정할 수 없는 가게에 들어가는 느낌이 듭니다. 아무것도 관심을 끌지 못하지요. 물건이 너무 많아서 서로 뒤엉켜 있는 것 같은 느낌이 듭니다. 물건이 뒤죽박죽으로 놓여 있거나 선반에 물건이 너무 많아 정리되지 않은 곳보다 적당한 양의 물건이 깔끔하게 정돈된 가게가 우리의 마음을 끕니다. 그리고 이런 가게에 있는 물건이 가치 있어 보이지요.

　세심하게 신경 써서 장난감 정리를 계획하세요. 흥미를 잃어서 더는 가지고 놀지 않는 장난감도 나중에 다시 주면 아이는 다시 잘 가지고 놉니다. 장난감을 교대로 수납했다가 꺼내주기 위한 계획을 마련하세요. 다른 또래 친구와 장난감을 교환하는 것도 좋습니다. 그리고 아이가 있는 다른 가정에 장난감을 물려주는 것도 좋습니다. 이제 다른 친구나 동생에게 주어도 될 장난감을 아이와 함께 골라보세요. 아이에게 아주 어릴 때부터 나눔의 정신을 가르칠 좋은 기회기도 합니다.

상상력의 발달 시기

아이는 모든 종류의 지각 경험을 쌓고 있어서, 무엇이 진짜이고 가짜인지, 현실이고 상상인지 구별하기가 쉽지 않습니다. 하지만 현실과 상상을 구별하는 능력은 아이의 올바른 발달을 위해 필요한 조건 중 하나입니다. 따라서 아이가 적절한 현실 감각을 가졌는지 잘 지켜보는 것이 바람직합니다. 그리고 아이에게 상상의 이야기를 들려주기에 앞서 현실 지각 능력이 충분히 자라기를 기다리는 것이 중요합니다.

우리의 문화는 기상천외한 이야기들을 어린이를 위한 동화라고 소개하며 엄청나게 쏟아내고 있습니다. 하지만 이것은 어디까지나 어른들이 만들어낸 어른들의 이야기입니다. 물론 아이들이 상상의 이야기를 만들어내고 좋아하기도 합니다. 하지만 이것은 아이가 이러한 분위기에 너무 익숙해서 갖게 된 성향입니다. 아이들이 특이한 것을 좋아하게끔 성향을 유도한 것입니다. 하지만 아이는 원래 본능적으로 무엇보다도 현실에 끌립니다.

어린아이는 구체적인 것에 끌립니다. 물론 아이가 좀 더 크면 환상을 바탕으로 꿈을 꿉니다. 하지만 그 전에 아이가 현실을 흡수할 수 있게 해야 합니다. 현실과 환상의 세계를 혼동하고 이 둘을 구별하는 데 어려움을 겪는 아이들이 실제로 많습니다. 현실과 가상세계 사이의 투과성 때문에 어려움을 겪는 것일 수도 있습니다. 이러한 아이들은 심지어 실제로 자기에게 벌어진 일과 상상 속의 일을 혼동하기도 합니다.

아이는 반드시 현실을 지각할 수 있어야 합니다. 현실 지각은 매우 중요합니다. 그러므로 아이가 너무 어릴 때는 상상의 이야기를 들려주지 않도록 주의하는 것이 좋습니다.

처음에는 아이가 사는 세상, 아이의 일상, 구체적이고 현실적인 상황을 묘사한 책을 읽어주고 이야기를 들려주어야 합니다. 마찬가지의 이유로 인간처럼 사는 동물이 등장하는 이야기보다는 사람이 주요 등장인물인 책을 선택하는 것이 좋습니다. 반면 자연 속에서 살아가는 동물에 관한 훌륭한 책도 많이 있습니다. 아이가 현실에 충분히 뿌리를 내렸다면 이제는 동물을 의인화한 책을 읽혀도 됩니다. 많은 동화 속에서 동물이 주인공으로 등장하지요.

아이가 좀 더 자라면 세상에 대한 통찰력을 갖게 됩니다. 이때부터 아이는 전래동화나 설화, 오래된 우화와 같은 이야기를 무서워하지 않고 좋아하게 되지요. 전래동화나 설화는 우리의 문화유산이기 때문에 중요한 의미를 지닙니다. 사실 전래동화와 설화는 원래 아이들을 위해 만든 것이 아니라서 때로는 아이들이 무서워하거나 겁을 먹기도 하지요.

같은 맥락에서 산타 할아버지나 이 요정(어린이가 뺀 이를 베개 밑에 두면 와서 동전과 바꿔 간다고 하는 이야기) 같은 존재를 믿는 것에 대해 의문을 가질 수도 있습니다. 이런 이야기들은 분명 아이들, 특히 어른들도 좋아하는 이야기인 것은 사실이지만, 아이에게 진짜라고 확언한다면 거짓말을 하는 셈이랍니다.

꿈과 즐거움을 주는 이야기라고 하는데 과연 누구에게 즐거움을 주는 걸까요? 산타를 믿고 이 요정을 믿는 사람들에게 즐거움을 주겠지요. 아이가 이러한 이야기를 믿음으로써 진정한 즐거움을 느끼는 것은 아닙니다. 오히려 아이의 현실 감각에 혼란을 주지요. 그리고 언젠가 산타와 이 요정이 존재하지 않는다는 사실을 알게 되고 나면 실망하게 될지도 모릅니다.

산타의 존재를 계속 믿고 싶어서 자신에게 거짓말을 하는 아이도 있습니다. 왜냐하면 다른 사람들이 자기에게 거짓말을 했다는 사실을 깨닫는 것이 슬픈 일이기 때문이지요. 산타 할아버지가 없다는 사실 자체는 문제가 되지 않습니다. 아이에게 문제가 되는 것은 어른들의 말을 듣고 믿어온 내용을 부정해야 하는 일이랍니다. 세상을 바라보는 자기의 인식에 대한 신뢰가 흔들리게 되지요.

결국 아이는 진짜라고 생각했지만 알고 보니 가짜인 것들이 많을 수도 있습니다. 아이는 자기에게 진실을 감추고 이야기를 지어낸 어른들에게 배신당한 느낌을 받을 수도 있습니다. 어른들이 자기를 기만했다고 생각할 수도 있습니다.

이렇게 극단적인 상황까지 치닫지는 않는다고 하더라도, 크리스마스에 선물을 받고 이가 빠지면 동전을 받는 관습이 현실 속 상황에 따라 꾸며진 아름다운 상상 속 이야기라는 사실을 얘기해주는 것은 어떨까요? 그리고 이러한 이야기는 아이가 분별력이 생기는 나이가 되면 해주어야 한다는 점을 잊지 마세요. 아이를 혼란스럽게 하면 안 된다는 점도 꼭 기억하세요!

아이가 현실을 잘 이해할 수 있도록 도와주는 것은 아이에 대한 존중의 문제입니다. 만약 여러분이 전혀 알지 못하는 나라로 이민을 갔는데, 사람들이 언어를 엉터리로 가르쳐준다고 생각해보세요. 어떤 기분이 들까요?

몬테소리는 환상이 깨져서 실망하고 낙심하는 상황이 반복되면 아이의 지능 발달에 부정적인 영향을 미친다고 생각했습니다. 이러한 잘못된 환상을 '심리적 방어', '아이의 정신에 드리워진 베일'[22]과 같다고 표현했습니다. 몬테소리는 훈육을 위해 '늑대나 호랑이가 잡아간다'거나 '망태 할아버지가 혼내러 온다'는 것처럼 부모가 아이에게 무서운 이야기를 지어내 믿게 하는 것은 아이에게 무의식적인 공포를 심는 것이라고 주장했습니다. 아이의 현실 감각이 충분

> "아이가 환상의 세계로 도피하면 지능이 낮아진다. (…) 뿐만 아니라 지능이 억압당하거나 실망하는 일로 인해 지능이 흐려지면 인지 능력이 저하된다."
>
> 마리아 몬테소리,
> 『어린이의 비밀』

히 발달한 후에 이런 이야기를 들으면, 공포 대신 조심성을 키울 수 있습니다.

지금까지 한 이야기는 상상력이 나쁘다는 주장이 아닙니다. 상상은 우리가 알지 못하는 것을 표현할 수 있게 하는 소중한 수단이지요. 다만 너무 이른 시기에 혹은 너무 많이 환상적인 상상에 아이를 노출하지 않도록 주의해야 한다는 사실을 잊지 마세요.

---

22 Maria Montessori, *L'Enfant*, Desclée de Brouwer, 2006, 제29장. (『어린이의 비밀』, 지식을 만드는 지식, 2014)

신뢰를 키우는 믿음

사랑은 믿는 것입니다. 집 안에 모든 물건을 아이의 손이 닿지 않는 곳에 올려놓을 필요가 없습니다. 물론 매우 깨지기 쉽거나 위험한 것은 빼고 말이지요. 그보다는 아이에게 집 안의 물건들에 대해 어디에 쓰는 것인지 설명하고 알려주는 것이 좋습니다. 그리고 **아이가 사용할 수 있는 물건이고 사용해도 괜찮은 물건이라면 정확한 동작으로 사용하는 법을 간단하게 설명해주세요.**

아이에게 이렇게 '시범'하는 것은 몬테소리 교사가 교실에서 아이들에게 새로운 활동을 도입할 때 보여주는 것과 같습니다. 사용법을 아이에게 몸소 보여주면서 집 안의 규칙과 물건의 올바른 사용법을 알려줄 수 있습니다. 그리고 이 과정에서 신뢰가 발달할 수 있습니다. 두 방향의 믿음이 싹트지요. 우리는 아이에 대한 믿음을 보여주고, 우리의 신뢰를 바탕으로 아이는 자기 자신을 믿게 됩니다. 위험한 요소가 없는 공간을 만들고 그 바깥세상은 위험투성이라고 여기며 아이를 작은 공간 안에 가두는 것보다는, 아이를 믿고 위험성에 대해 알려주고 자신감을 키워주는 편이 훨씬 안심되지 않을까요?

베이비룸이나 안전울타리가 필요할 때도 있습니다. 하지만 습관이 되어서는 안 됩니다. 아이에게 위험한 것도 없지만 배울 것도 없는 울타리 안에 아이를 가두기 위해 손쉬운 방법을 사용하지 않아야 합니다. 아이를 너무 자주, 너무 오래 베이비룸에 가둬두는 것은 무의식적으로 아이에게 세상은 위험한 곳이고 접근할 수 없는 곳이며 '너는 세상으로 나갈 수 없다'라고 이야기하는 것입니다.

저는 다섯 아이 중 그 누구에게도 베이비룸이나 울타리를 사용하지 않았지만 다섯 중 그 누구도 위험한 상황에 빠진 적이 없습니다. 물론 아이에게 일일이 설명하는 것은 시간이 걸리지만, 충분히 할 만한 투자입니다. 1층과 2층을 연결하는 계단에 안전문을 두기는 했지만, 제가 지켜보는 동안에는 아이들이 계단을 오르내리는 연습을 하도록 열어두었습니다.

아이가 배우는 데는 시간이 걸리지만 필요한 과정이며, 아이들은 언젠가 자연스럽게 익히게 됩니다. 마치 놀이터에서 미끄럼틀 계단을 오르고 내리는 놀이를 하는 것처럼 배우게 되지요. 아이가 계단을 한 걸음 한 걸음 오르면 인내심을 가지고 뒤에서 지켜보세요. 필요할 때 아이를 붙잡을 수 있도록 준비하되, 아이가 우리가 지켜보고 있다는 사실을 느끼지 못하게 하세요.

전기 콘센트를 안전장치로 막거나 테이블 모서리에 보호대를 붙이는 등 아이가 위험을 모르게 하기보다는 왜 위험한지, 자신을 보호하기 위해 어떻게 해야 위험을 피할 수 있는지를 알려주는 것이 더 좋습니다. 아이가 위험을 이해하게 하는 동시에 아이를 믿어야 합니다.

예를 들어 아이가 시도 때도 없이 높은 곳으로 기어오르려고 한다면, 아이는 지금 움직임에 대한 민감기를 겪는 중이라서 탐색하고 움직인다는 사실을 알아야 합니다. 아이의 움직임이 질서가 없고 혼란스러워 보이면, 세심하게 집중해야 하는 활동으로 유도하는 것이 좋습니다.

그렇지 않다면 아이의 움직임을 존중해주세요. 아이에게 경고하거나 행동을 막는 대신 한 걸음 떨어져 지켜보세요. 어쩌면 아이가 능숙하게 움직일 수도 있습니다. 아이가 자신의 원대한 계획을 실현하는 것을 방해하지 않으면서 아이를 지켜보고 돌볼 수 있습니다.

아이는 자신을 믿고 있습니다. 우리도 아이를 믿어야 합니다. 아이는 자신의 어려움을 뛰어넘고 자존감을 성취하고 있습니다. 가능성의 한계를 뛰어넘고 있습니다. '나는 할 수 있어. 나는 성공하고 있어. 나는 올라가는 게 좋아'라고 생각하며 말이지요.

우리는 아이가 기어오르는 모습을 보고 깜짝 놀라서 아이를 말립니다. 우리의 불안한 외침 때문에 그동안 아이가 얼마나 신뢰를 잃었을까요? 그래요, 그러다가 아이는 넘어지거나 떨어질 거예요. 특히 '너 그러다 넘어질 거야!'라고 말할 때 말이지요. 아이가 어떤 행동을 할 때 아이를 보호하기 위해 말리는 것보다 그냥 지켜보는 데 분명히 더 오랜 시간이 필요합니다.

하지만 우리가 아이에게 쏟는 시간은 아이에게 해줄 수 있는 것 중 가장 아름다운 선물입니다. 아이가 우리를 필요로 할 때 함께 있는 것은 아이가 하는 활동을 성급하게 도와주는 것과는 다릅니다. 그리고 가만히 있으라고(결국은 수동적으로 있으라는 것이지요) 텔레비전을 틀어주거나 핸드폰을 쥐여주는 것과도 다르지요. 아이와 함께 있는 것은 아이와의 관계 안에 존재하는 것입니다. 그러니까 아이와 함께 보낼 수 있는 시간이 있다면 절대로 그 기회를 놓치지 마세요.

아이를 안전하게 보호하는 것은 부모의 임무입니다. 하지만 아이를 지키려다가 내면의 안전을 해치기도 하지요. 사실 내면의 안전은 매우 중요하고 본질적입니다. 부모는 좋은 의도를 가지고 노력하지만, 아이의 내면의 안전을 부수고 부정적인 영향을 주기도 합니다. 아이에게 이런 '생채기'가 쌓일수록 아이의 발달에 지장이 생깁니다. 그리고 아이가 행동하려고 하거나 위험을 감수하려고 하거나, 활동을 끝마치려고 하거나, 자기 생각을 표현하려 하는 의지를 막는 일이 반복될 때도 아이의 발달은 방해를 받습니다.

아이의 발달 과정에 생기는 문제는 아이에 대한 존중이 부족했다는 것을 보여주는 증거입니다. 어른이 자기의 우월감을 뽐내는 방식은 아이의 자신감에 가혹한 상처를 남깁니다. 여기에 아이는 열등감과 무능력과 무력감을 느낍니다. 우리는 "넌 그냥 어린아이일 뿐이야", "이걸 하기엔 넌 너무 어리잖니", "넌 할 수 없어"와 같은 말을 입 밖으로 꺼내지만 않을 뿐, 아이에게 큰 상처를 주고 있는지도 모릅니다.

아이의 운동성을 받아들이고 더 발달시킬 수 있도록 해주세요. 아이가 넘어지면 혼내는 대신에 다시 일어서서 시도할 수 있도록 격려하고 도와주는 것은 어떨까요? 아이에게 자신감을 다시 북돋아주는 게 더 좋을 거예요. 아이에게 "너를 더는 못 믿겠다"와 같은 말을 하지 마세요. 이런 말들은 아이가 더 나은 사람이 되고자 하는 모든 희망을 짓이기고 죄책감만 지워줄 뿐이니까요.

그리고 아이가 잘못된 행동을 할 때는 나쁜 아이라고 비난하기

> **"어른은 아이의 결함은 고쳐야 한다고 생각한다. 하지만 아이가 어른이 되면 자연스럽게 사라질 결함을 고치는 것은 누가 보아도 전혀 쓸모없다는 사실을 모두가 깨닫기를 바란다."**
>
> 마리아 몬테소리,
> 『가정에서의 유아들』

보다는 무엇이 잘못된 행동인지 설명하는 것이 좋습니다. '네가 한 행동은 용납할 수 없구나'라는 말은 '너 정말 못된 애구나'라는 말과 똑같이 부정적인 표현입니다. 아이는 이런 부정적인 말을 들으면 나쁜 행동 속에 갇히고 장기적으로 큰 결함을 갖게 됩니다.

'너'라는 대명사로 아이를 지칭하며 직접 비난하기보다는 아이의 잘못된 행동을 보편적으로 묘사하는 것이 좋습니다. '너 전달법'은 상대에게 초점을 맞춰 공격하는 것으로, 아이에게 반복적으로 상처를 주고 비난하는 화법입니다. 아이의 신뢰감을 발달시킬 수 있는 가장 좋은 방법은 아이를 믿고, 아이가 하는 자발적인 활동을 존중하며 아이의 이야기를 경청하는 것입니다.

아이에게 성공할 기회를 주고, 우리가 아이에 대해 갖는 자부심을 표현하고, 과도한 개입을 줄이면서 독립심을 키워주는 것은 아이의 자존감을 높일 수 있는 좋은 방법입니다. 아이는 우리가 가르치는 것을 들으며 배우지 않습니다. 스스로 행동하면서 배웁니다. 적절한 환경을 미리 마련해서 최대한 아이의 행동을 막지 않도록 해야 합니다.

열등감은 영유아기에 형성되어 평생 지속됩니다. 우리 아이에게 열등감이 생기지 않도록 맞서 싸워야 합니다.

있는 모습 그대로 조건 없는 사랑을 받는다고 믿는 아이는 자신감을 키울 수 있습니다. 자기 자신에 대해 만족하는 사람이 되려면 자신을 있는 그대로 받아들일 수 있어야 합니다. 그리고 이를 위해서는 내가 완벽하지 않아도 주변 사람들이 나를 있는 그대로 받아들여 준다는 느낌을 받아야 합니다. 그리고 우리가 모두의 마음에 들 수 없다는 사실도 인정해야 합니다.

자극을 주는 활동 제시

뚜렷한 목표가 있는 활동을 선택하세요. 아이가 적극적으로 참여할 수 있고 운동, 감각 발달, 언어, 사회적 발달을 위한 필요를 충족할 수 있는 활동이어야 합니다. 이를 위해 특정 능력을 발달시킬 수 있는 구체적인 사물을 정해야 합니다. **아이를 위한 활동과 사물을 선택할 때는 오직 하나의 매개변수(형태, 색깔, 감각 등)를 중심으로 선택해야 합니다.**

예를 들어 형태를 익히기 위한 활동을 할 때는 형태 이외의 다른 요소는 같게 하여 제시합니다. 아이에게 제시하는 사물은 쓸데없는 놀잇감이나 학습을 위한 도구가 아니라, 아이의 자연적인 발달을 돕는 보조수단이어야 합니다. 그리고 아이의 흥미와 집중력, 내면의 자연스러운 감각을 자극할 수 있어야 합니다.

몬테소리 교수법에서 영아에게 사용하는 사물과 활동을 이 책의 뒷부분에 소개하고 있습니다. 분명히 말씀드리건대, 이 책에 소개된 모든 방법을 다 적용하려고 하거나 교구와 장난감을 모두 준비할 필요는 없습니다. 다음 장에 소개할 활동 목록이 모든 몬테소리 교수법과 교구를 총망라하는 것도 아니고 필수적인 것도 아닙니다. 주변에 있는 것을 활용하고, 우리의 창의력과 상상력을 이용해 아이와 상호작용할 수 있는 방법을 알려드리는 것입니다. 그리고 아이의 발달단계에 맞게끔 누구든 쉽게 할 수 있으며 아이의 흥미를 끌 수 있는 활동을 소개한 것이지요.

그리고 무엇보다 가장 중요한 것은 아이에 대한 우리의 시선과 마음가짐입니다. 아이를 관찰하고 아이가 움직이는 공간과 자유를 너무 제한하지 않아야 합니다. 아이가 크는 모습을 받아들이고, 아이가 우리를 도울 수 있게 해주세요. 중요한 것은 '내가 할 수 있어'라고 즐겁게 생각할 수 있는 아이로 키우는 것이랍니다.

자신감은 자신이 주변 환경에 자유롭게 영향을 미칠 수 있다는 사실을 깨달을 때 형성됩니다. 자존감은 자신이 쓸모있는 존재라고 느끼는 것입니다. 그러니까 뒤에 소개한 몬테소리 활동은 여러분이 따라야 하는 레시피가 아니라 영감의 원천이라고 할 수 있습니다. 그

속에 숨은 비법은 "하지 마", "만지지 마" 같은 말을 꾹 참고, 잘해야 한다는 욕심을 버리고, 아이를 사회적인 삶에 끌어들이는 것입니다.

다음에 소개된 활동 자체보다는 아이와 어떻게 하느냐가 더 중요합니다. 마치 아이에게 선물을 주는 것처럼 활동과 사물을 제시하세요. 필요한 준비물을 미리 준비하고 최대한 상냥하고 부드럽게 아이에게 보여주세요. 그리고 아이가 받아들이고 탐색하는 모습을 지켜본 뒤 '시범'을 보여줍니다. 즉, 장난감을 어떻게 가지고 노는지 혹은 활동을 어떻게 하는지 세심하게 보여주는 것입니다. 장난감이 정리된 자리에서 활동의 시작과 끝을 포함한 전체 과정을 단계별로 짚으며 보여줍니다.

활동 시범은 사용할 장난감과 교구가 준비되고 아이가 준비되었다는 확신이 들 때 하는 것이 가장 좋습니다. 아이가 장난감을 적극적으로 고를 수 있게 하세요. 그리고 가능하면 언제 어디서 가지고 놀지도 아이가 직접 선택할 수 있게 하세요. 시범을 보일 때는 동작을 정확하고 천천히 해야 하고 단어 선택도 신중하게 해야 합니다. 아이가 장난감이나 활동을 선택하면 자기 방식대로 탐색할 수 있게 두세요.

마지막으로 아이를 많이 관찰해야 합니다. 아이가 자라면서 필요도 바뀌기 때문에 이에 맞추어 환경을 계속해서 바꿔주려면 세심하게 관찰해야 합니다. 관찰을 많이 하면 언제 새로운 활동을 도입해야 할지 알 수 있습니다. 그리고 '아이가 잘 탐색하는가?', '흥미를 느끼는가?', '활동을 반복하는가?', '집중하는가?' 등의 질문을 주기적으로 해야 합니다.

아이와 함께하는 놀이와 활동은 관계를 형성하는 기회이자, 아이의 호기심과 활동을 깨우치는 기회가 됩니다. 그리고 이러한 활동은 어떤 목적을 달성하거나 능력치에 도달하기 위해서 하는 것이 아니라 모든 것의 시작점입니다. 그리고 무엇보다 기쁨과 즐거움의 원천이어야 합니다. **따뜻한 마음으로 아이의 뒤를 따라가세요. 아이는 자기만의 속도로 나아갈 겁니다.**

시각 자극

모빌

몬테소리 교육법은 모빌을 매우 중요하게 생각합니다. 모빌은 갓난아기에게 처음으로 보여주는 장난감입니다(생후 3주부터). 가장 먼저 발달하는 감각이 시각이기 때문입니다. 아이가 아주 어릴 때는 건전지로 작동하지 않는 '움직이지 않는 모빌'이 가장 좋습니다. 그냥 매달아놓으면 모빌이 자연스럽게 움직입니다.

다음에 소개할 네 가지 모빌을 아이 발달에 따라 순서대로 보여주면 좋습니다(280쪽 모빌 만들기 참조).

★ **무나리 모빌** 무나리 모빌은 세 개의 막대기가 평행하게 매달린 것으로, 막대기에는 기하학적인 흑백무늬가 그려져 있으며 빛을 반사하는 투명한 공이 달려 있다. 전체적인 형태가 조화롭고 가벼워서 아이의 관심을 끌기 좋다. 특히 질서를 좋아하는 아이의 자연적인 취향에 잘 맞는다.

★ **고비 모빌** 고비 모빌은 생후 3개월 반 정도 되었을 때 보여주면 좋다. 같은 톤이지만 농담에 따라 다른 색을 보여준다. 빨강, 파랑, 초록, 보라(사진 속) 등 여러 색깔의 제품이 있다. 고비 모빌은 5~7개의 공으로 이루어지는데, 빛을

모을 수 있는 광택이 있는 비단실을 감은 것이 가장 흔한 형태다.

★ **발레리나 모빌** 발레리나 모빌은 생후 4개월경 보여주면 좋다. 반짝이는 종이를 춤추는 사람의 모양으로 잘라서 여러 개 매달아놓은 형태로, 팔과 다리의 모양이 뚜렷해서 마치 춤을 추며 움직이는 것처럼 보인다.

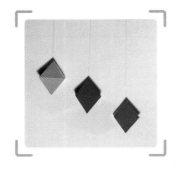

★ **팔면체 모빌** 팔면체 모빌은 생후 5개월부터 보여주면 좋다. 원색으로 된 세 개의 기하학적 팔면체 세 개로 구성되어 있다.

앞서 공식적인 몬테소리 모빌 네 가지를 소개했지만, 여러분이 직접 만들 수도 있습니다. 오히려 여러분이 직접 모빌을 만들면서 영감을 얻고, 그 영감을 바탕으로 여러분이 가진 능력을 발휘할 수도 있습니다. 그리고 몬테소리 모빌뿐만 아니라 모든 종류의 단순하고 독특한 모빌을 직접 만들어 아이에게 보여주는 것도 좋습니다.

'흑백 → 농담이 다른 같은 톤의 색깔 → 원색 → 움직이는 모빌'의 단계에 맞추어 여러분의 창의력을 이용해 자유롭게 만들어보세요. 깃털, 솔방울 등 좋은 영감을 주는 다양한 자연물을 이용하는 것도 좋습니다.

매달린 사물

생후 3개월 반 정도 되면 아이는 매달린 물체를 관찰하며 집중력을 키우고, 붙잡으려 하기도 합니다. 방울, 고리, 딸랑이, 그 외 아이의 관심을 끌 수 있는 단순하면서도 안전한 장난감 등을 매달아놓는 것이 좋습니다. 아이에게서 적당한 높이 위에 사물을 매달아놓으면 아이는 그 물건을 관찰하고 잡으려고 손을 뻗을 거예요.

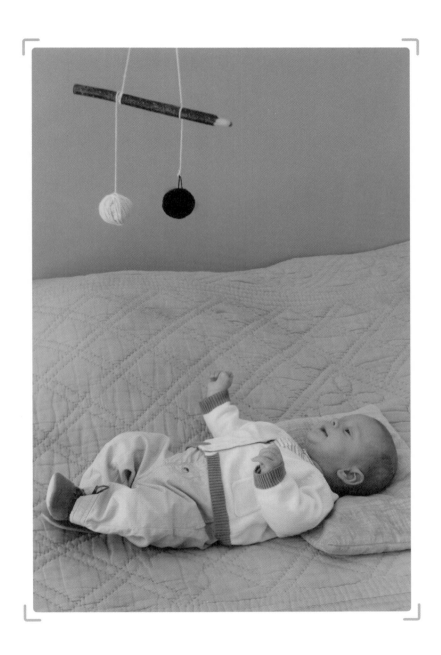

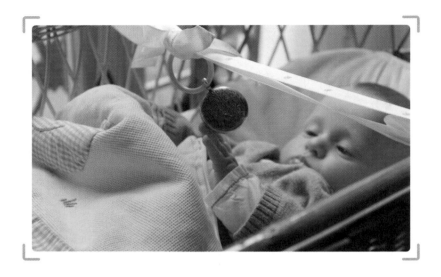

　　만지면 소리가 나는 물건을 이용하면 만지는 활동 이상의 자극을 줄 수 있으며, 아이가 인과관계를 이해하는 데 도움이 됩니다. 아이가 다리 힘을 키울 수 있게 발로 찰 수 있는 위치에 물건을 매달아놓는 것도 좋습니다.

시각과 관련된 사물과 활동

- ★ 식물, 꽃, 살아 움직이는 동물을 관찰한다.
- ★ 예술작품과 그림을 감상한다. 아이에게 왜 단순한 색상과 형태로 된 '유아용 그림'만 보여줄까? 아이도 수 세기를 초월해 사랑받는 아름다운 예술작품을 볼 자격이 있다. 작은 독서대 위에 여러 점의 명화를 놓고 아이가 감상할 수 있게 해준다.

★ 생후 4개월 정도부터는 아이의 손을 커튼처럼 여닫으며 까꿍 놀이를 한다. 아이가 좀 더 자라면 다른 방식으로 까꿍 놀이를 할 수 있다(대상영속성 이해하기). 생후 18개월 정도 되면 아이는 커튼이나 문 뒤, 이불 속에 몸을 숨기며 숨바꼭질 놀이를 즐겨한다. 아이는 오랫동안 숨어서 다른 사람이 자기를 찾지 못하는 상황에 큰 재미를 느낀다. 처음에 아이는 다른 사람이 자기 눈에 안 보이면 자기도 그 사람 눈에 보이지 않으리라 생각한다. 그런 아이의 모습이 참 귀엽고 재미있다. 스카프로 사물을 덮어서 감췄다가 찾는 놀이를 하며 대상영속성을 익히는 것도 좋다.

★ 색깔별로 사물을 정리한다.

★ 크기별로 사물을 정리한다.

★ 주제별로 사물을 정리한다.

★ '가장 ○○한 것'을 찾아본다(최상급 놀이).

★ 색상표에 있는 것과 같은 색깔의 물건을 짝짓는다.

★ 길거리의 자동차를 보며 "○○색 자동차는 어디에 있지?"라며 색깔 수수께끼 놀이를 한다.

★ 사물을 관찰하며 모양을 묘사하는 수수께끼 놀이를 한다.

★ 작은 물병 여러 개에 각기 다른 색깔의 물감을 탄 뒤 물병을 관찰한다.

청각 자극

★ 말하고, 말하고, 또 말한다. 모든 것을 말로 설명한다. 대화를 나눈다.

★ 일상생활 속에서 들리는 소리를 알아본다.

★ 멀리서 들리는 소리에 대해 이야기하며 작은 소리와 멀리서 나는 소리를 듣는 연습을 한다.

★ 고요한 환경에서 들리는 작은 소리를 들어본다.

* 속삭이며 대화한다.
* 다양한 사물을 이용해 소리를 내고, 이 소리를 이용한 놀이를 한다. 아이가 소리를 직접 내게 유도하는 것도 좋은데, 대부분 아이가 자발적으로 소리를 내려 할 것이다.
* 놀이 동요, 자장가, 노래, 음악 등을 듣는다.
* 소리 알아맞히기 놀이를 한다(동물 소리, 효과음 등).
* 소리를 흉내 내며 "이건 무슨 소리일까요?"라고 묻고 대답하는 놀이를 한다.
* 혀로 "딱딱" 소리를 내거나 손가락으로 나무처럼 딱딱한 표면을 치거나 천을 쓰다듬으며 리듬 놀이를 한다.
* 간단한 악기를 가지고 논다.
* 생수통이나 요구르트 통을 깨끗이 씻어 말린 뒤 곡물을 넣어 마라카스처럼 흔든다. 상자나 플라스틱 통을 재활용하여 레인스틱을 만드는 것도 좋다.

촉각 자극

* 다양한 소재의 물건을 만지며 촉감이 다른 물건을 찾거나 비슷한 촉감끼리 짝짓기 등의 놀이를 한다. 휴지갑, 작은 쿠션, 헝겊으로 된 인형, 리본, 조약돌 같은 자연물 등을 만진다.
* 딸랑이나 치발기를 가지고 놀게 한다.
* 속이 보이지 않는 가방 속에 물건을 보이지 않게 넣고 아이

에게 손을 넣어 무슨 물건인지 맞추
게 한다.

★ 털 인형의 부드러운 촉감을 느낀다.

★ "이런 느낌이 나는 것은 무엇일까
요?"라고 물으며 촉감과 관련한 수수
께끼를 한다.

★ 천, 양털, 칠판, 종이상자, 매트리스 등 다양한 재료를 이용해
촉감 발판을 만들어본다. 발판을 이어놓아 촉감길을 만들고
그 위를 걸어본다. 맨발로 촉감길을 걸으며 부드러운 느낌,
거친 느낌, 차가운 느낌, 포근한 느낌 등을 느껴본다.

미각 및 후각 자극

★ 주기적으로 새로운 음식을 선보인다. 새로운 음식은 그 맛을
온전히 느낄 수 있도록 가능한 한 다른 음식과 섞지 않는다.

★ 다양한 음식을 준다.

★ 맛에 관해 이야기하며 아이에게 맛을 말로 표현하는 법을 알
려준다.

★ 꽃, 음식, 음료수 등의 냄새를 종종 직접 맡아보게 하여 후각
을 훈련할 수 있게 한다. 냄새를 말로 표현해본다. 무슨 냄새
인지 말하고 냄새의 특징을 묘사한다. 그 냄새가 나는 사물이
주변에 없을 때도 냄새를 떠올리며 같이 이야기한다.

운동 발달

소근육

★ 딸랑이: 가벼운 것
으로 준비한다. 소
재와 청결 상태,
딸랑이의 종류와
개수, 그립감 등
을 고려해야 한다.
단순히 쥐는 것에
서 그치지 않고 다
른 활동과 연계되
는 딸랑이도 있다.

예를 들어 기둥에 커다란 구슬이 여러 개
달려서 딸랑이를 흔들면 구슬이 움직인
다거나 소리가 나는 제품도 있다. 생후 7
개월에 접어들면 두 개의 원반이 교차하
는 형태의 딸랑이처럼 한 손으로 쥐었다
가 다른 손으로 이동시키기 쉬운 딸랑이를 주는 것이 좋다.

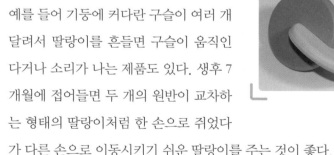

★ 리본에 매단 방울
★ 고리, 리본

★ 안에 방울이 들어 있는 원통, 육면체 혹은 공

★ 아이가 쥐고 놀기 좋은 작은 공

★ 저글링 공, 작은 헝겊 공, 콩주머니 등. 아이의 머리 위에 부드러운 헝겊 공이나 콩주머니를 올려주면 재밌어할 것이다. 머리 위의 공을 손으로 잡거나 떨어트리지 않는 놀이를 한다.

★ 주제별로 작은 물건을 바구니에 담기(형태, 색깔, 종류별로 구분)

★ 여닫을 수 있는 상자

★ 상자 속에 숨길 수 있는 물건

★ 탑 쌓기 놀이 상자나 마트료시카 인형

★ 기둥 아랫부분이 움직여서 끼우기 쉬운 고리 끼우기 장난감

★ 기둥이 고정된 고리 끼우기 장난감

★ 도형 맞추기 상자: 도형 모양의 구멍이 뚫려 있는 상자로, 구멍에 맞는 도형을 끼워 넣고 다시 뺄 수 있는 장난감이다. 도형마다 개별 상자로

구성된 교구가 가장 좋다. 대상영속성, 소근육 조작능력, 눈
과 손의 협응을 훈련하는 데 좋다.

★ 쌓기 블록

★ 한 판에 퍼즐이 하나씩 있는 도형 퍼즐

★ 대형 꼭지 퍼즐

★ 소형 꼭지 퍼즐(점점 작은 크기의 퍼즐로 바꿔주는 것이 좋다)

★ 자석이 달린 장난감 낚싯대로 낚을 수 있는 자석 퍼즐

★ 슬라이드형 뚜껑으로 여닫을 수 있는 상자

★ 달걀 판에 달걀을 집어넣는 놀이

★ 아이가 쉽게 열 수 있는 저금통과 장난감 동전(동전 넣고 빼기)

★ 경사면에 동전 굴리기

★ 막대 기둥에 물건 끼우기: 세로 기둥에
   끼우는 연습을 먼저 시작하고, 이후에
   가로 기둥에 끼워본다. 처음에는 똑같
   은 모양의 끼우기 장난감을 사용하고,
   시간이 지나면 크기나 색깔이 다른 블

록을 사용한다.

★ 구슬 끼우기(두꺼운 실에 큰 구슬)

★ 그릇에 작은 사물 담기(단추, 말린 콩, 완두콩 등)

★ 서랍 속에 물건 넣기

★ 기하학적인 모양의 단단한 물체 조작하기

★ 장롱이나 옷장의 아래 칸을 열쇠로 잠
그고 열기

★ 아이 키 높이의 옷장 서랍 여닫기, 서
랍 속에 보물 모아두기

★ 걸쇠, 빗장 등을 풀고 걸기

★ 탑 쌓기

★ 끄적이기, 그리기, 색칠하기

★ 밀가루 반죽 놀이

★ 양념통 구멍 속으로 이쑤시개 집어넣기

★ 깔때기를 이용해 용기 속에 액체 붓기

★ 자연물을 이용해 콜라주 만들기

★ 모든 물건 꺼내기

★ 막대기에 육면체 형태의 물건 끼우기

★ 막대기에 작은 구슬 끼우기

★ 세로 막대기에 원반 형태의 물건(CD 등) 끼우기

★ 스티커 붙이기

★ 끝이 둥근 가위로 오리기

대근육

★ 편한 옷을 입고 넓은 곳에서 자유롭게 뛰
어놀기

★ 무용바(몬테소리 교실에서는 지지대라고 부른
다)를 잡고 서기. 단단한 나무 막대나 봉을
이용해 직접 만들 수도 있다. 막대나 봉은
거울 앞에 설치하는 것이 좋다. 낮은 가구
도 지지대 역할을 할 수 있다.

★ 손수레 밀기

★ 계단 오르내리기

★ 받침대나 작은 사다리 오르기

★ 나무 데크나 징검다리 블록으로 만든 길 위를 기어가기

★ 작은 계단 오르기(강아지 계단)

★ 벽 타기(클라이밍)나 경사면 오르기

★ 바퀴 달린 장난감 끌기

★ 균형감각 키우기(보도블록 연석 위를 걷기,
땅에 그려진 선 따라 걷기)

★ 자유로운 신체 표현(음악에 맞춰 춤추거나
그냥 움직이기, 스카프를 가지고 움직이기,
혹은 그냥 움직이기)

★ 걷고 또 걷기. 걸을 수 있는 아이를 유모

차에 태우는 습관은 버린다.

★ 볼링

★ 과녁 놀이. 공으로 과녁을 맞히거나 바구니 안에 공을 집어넣
는 놀이도 좋다.

"생후 18개월에서 만 2세 사이의 아이는
수 킬로미터를 달릴 수 있다. 힘든 길도 지나칠 수 있고
계단도 오를 수 있다. 아이는 단지 우리와 다른 목표를
가지고 걸을 뿐이다. 성인은 외적 목표에 도달하기
위해 길을 걷고, 바로 그 목표를 향해 간다.

아이는 자기 신체 기능을 발달시키기 위해 걷는다.
아이가 걷는 목적은 자신을 구축하는 데 있다.
그래서 느리게 걷는다. 아이는 아직 일정한 속도로
걷지 못하고 주변의 많은 것에 관심을 빼앗긴다.
그래서 이 시기의 아이와 함께 걸을 때 어른이
아이를 돕는 방법은 자기가 원래 걷는 속도와
걷는 목표를 버리는 것이다."

마리아 몬테소리, 『어린이의 비밀』

언어 발달

★ 소리 분석하기. 한 음절씩 발음하고 아이가 따라 하게끔 유도한다.

★ 책 읽기. 책은 아무리 많이 읽어도 부족함이 없다.

★ 일상생활 속 물건 이름 부르기

★ 음식 이름 부르기

★ 종류에 따라 이름 나열하기(과일, 장난감 등)

★ 실물과 그림 짝 맞추기

★ 짝이 있는 물건 짝 맞추기

★ 매일 반복되는 활동을 말로 표현하기

★ 주제별로 작은 바구니에 담은 사물의 이름 나열하기(소근육 활동과 연계)

★ 비밀주머니 놀이: 천 주머니 속에 물건을 감춰두고 아이가 보지 않은 채 손가락 끝으로 탐색하는 놀이다. 같은 종류에 속하지만 서로 매우 다른 물건을 천 주머니 속에 넣거나, 똑같은 물건을 두 개 넣어두어도 좋다.

★ 가족이나 가까운 친구들의 사진을 보며 자리에 없는 사람에 관해 이야기하기
★ 가족사진으로 가계도 만들기
★ 같은 종류의 동물 이름 말하기(암소, 황소, 송아지 / 수탉, 암탉, 병아리 등)

책

아이가 책을 좋아하게 하려면 일찍부터 책을 보여주는 것이 좋습니다. 단순하고 미적이며 아이의 관심을 끌 수 있는 책을 골라야 합니다. 그리고 책의 내용이 아이의 발달단계에 적합한지 세심하게 확인해야 합니다.

영아에게는 종류별로 분류한 주제, 그림, 개념 등을 명확히 보여주는 책이 좋습니다. 색깔, 형태, 수량 등 한 번에 모든 것을 보여주지 않는 책을 고르는 것이 좋습니다. 아이가 만 2세 정도가 되면 일상생활에 관한 짤막한 이야기책을 읽어주는 것이 좋습니다.

일상생활에 관한 책은 아이가 자신의 일상을 잘 이해할 수 있도록 돕고, 이야기 속 등장인물과 쉽게 동화될 수 있습니다. 또한 다른 동물을 의인화하지 않고 사람이 등장인물로 나오기 때문에 이 시기의 아이들에게 좋습니다. 아이는 이런 책을 보고 자기 생각을 정리할 수 있으며, 시간과 공간에 대한 이해를 조직화하는 데 도움이 되는 기준점을 마련할 수 있습니다.

아이가 하루 동안 쌓은 경험을 좋았던 부분과 아쉬운 부분으로 나누고 말로 풀어 설명하는 데 도움이 되는 책도 좋습니다. 내용은 단순하되 감정이 풍부한 책을 골라야 합니다. 너무 일찍부터 설화나 환상적인 이야기는 접하지 않게 하는 것이 좋습니다. 영상물도 너무 일찍부터 노출하지 않는 것이 매우 중요합니다.

책을 고를 때는 아이의 신체적 조건(키, 힘 등)을 고려해야 합니다. 아이의 협응력과 운동성에 맞는 책을 고르세요. 나중에 책이 망가지면 아이가 책을 만지지 못하게 치우고 싶어질 수도 있으니, 책을 어떻게 다루는지 미리 보여주어야 합니다.

연령별 책 고르는 팁 -------------------------------

★ 생후 7개월부터 헝겊이나 천으로 된 부드러운 책
★ 생후 10개월부터 보드북
★ 생후 18개월부터 내부 종이가 두꺼운 편인 일반 책. 하드커버에 일반 종이로 된 책을 먼저 주고, 이후에는 책의 형태에 상관없이 아이의 성장에 맞는 내용의 책을 준다.

아이가 편하고 기분이 좋을 때 책을 읽혀주면 아이가 즐겁게 책을 탐색할 거예요. 생후 20개월이 지나면 독서시간은 아이가 매우 좋아하는 작은 의식으로 자리 잡을 수 있습니다. 책을 읽는 시간대, 얼마나 오래 읽을지, 몇 권을 골라서 읽을지 미리 정해놓는 것도 좋습니다.

아이가 특별히 좋아하는 책이 있어서 그 책만 몇 번이고 반복해서 읽어달라고 하는 경우도 종종 있습니다. 주저하지 말고 아이가 원하는 만큼 계속해서 읽어주세요. 아이는 사소한 것 하나라도 우리가 바꾸지 않고 그대로 반복해서 읽어주기를 원할 거예요. 바로 거기서 안정감을 얻습니다.

그리고 우리가 책을 해석하는 방식이나 책을 읽으면서 이야기를 주고받는 내용은 늘 바뀌지만, 책 속의 이야기 자체가 바뀌지 않는다는 사실을 은연중에 이해하게 됩니다. 책 속의 글을 읽지 않고 그림만 활용해서 아이와 함께 책을 읽는 방법도 있습니다. 글이 없고 아름다운 그림으로만 이루어진 책도 정말 많지요.

아이가 책을 망가뜨리지 않도록 책을 단단히 잡고 읽는 모습을 아이에게 보여주세요. 책이 찢어질 수 있으므로 특히 어떤 부분에 주의해야 하는지 아이에게 보여주고 말로 설명해주어야 합니다. 본보기를 보여주어야 하지요.

자조 능력 키우기

자기 몸 돌보기

★ 기저귀를 갈거나 옷을 갈아입힐 때, 아이가 스스로 입고 벗게 끔 유도한다. 잘 설 수 있는 아이는 선 채로 기저귀를 갈거나 옷을 입혀준다.

★ 아이를 씻기거나 단장할 때 아이의 참여를 유도한다. 처음에 는 아이에게 지금 하는 행동을 말로 설명한다. 시간이 지나면 아이가 능동적으로 움직이도록 말로 설명하며 구체적으로 참 여를 유도한다. 이때 아이는 우리가 하는 말을 곧잘 따라 하 기도 한다.

★ 찍찍이, 단추, 똑딱단추, 지 퍼가 달린 옷을 입지 않을 때 도 바닥에 두고 맥락과 상관 없이 채우고 푸는 연습을 한 다. 필요한 기술을 미리 연습 하는 것이다. 단추 끼우기, 찍 찍이 붙이기, 지퍼 채우기, 똑 딱이 단추 눌러 채우기를 연 습할 수 있는 소근육 교구를 사용해도 좋다.

★ 자기 옷 정리하기

★ 입었던 옷을 빨래통에 넣기

★ 변기에 앉기, 기저귀 버리기, 배변과 관련된 행동을 말로 표현하기, 변기통 비우기

★ 머리 빗기, '스스로' 양치하기

★ '스스로' 손 씻기

★ '스스로' 콧물 닦기. 아이가 혼자서 콧물을 닦을 수 있게 되면, 스스로 티슈를 뽑아 쓸 수 있게 아이의 손이 닿는 위치에 휴지와 작은 휴지통을 나란히 둔다.

★ '스스로' 코 풀기

★ '스스로' 입 주변 닦기

★ 집 안에 들어올 때 발판에 신발 털기 또는 신발 벗기

실내환경 돌보기

★ 아이는 생후 10개월부터 물티슈를 건네주거나 식탁을 닦는 등 집안일 하는 것을 좋아한다.

★ 개어놓은 빨래 옮기기

★ 걸음마를 뗀 아이는 다른 사람을 도와주는 것을 좋아한다. 예를 들어 휴지통에 쓰레기 버리기와 같은 소소한 임무를 준다.

★ 물건 정리하기

★ 가방 비우기

★ 장바구니 풀기

★ 무겁거나 큰 물건을 들거나 옮기기

★ 함께 요리하기

★ 과일과 채소 껍질 벗기기

★ 과일(바나나)과 채소 자르기

★ 귤, 레몬이나 오렌지 등의 즙 짜기

★ 버터, 소스나 잼 바르기

★ 스펀지의 물기 짜기

★ 곡물이나 물 붓기. 우선 굵은 곡물을 커다란 용기에 붓는 연습을 한다. 이후 바닥에 쟁반을 깔고 작은 그릇에 붓게 한다. 작은 물통에 있는 내용물(곡물, 쌀, 밀가루, 물 순서대로 연습)을 다른 물통으로 붓게 한다.

★ 숟가락이나 집게를 사용해서 그릇에 담긴 물건을 다른 그릇으로 옮기기

★ 상 차리기. 식탁 매트를 사용하여 아이가 매트 위에 식기를 쉽게 올려놓을 수 있게 도와주는 것도 좋다.

★ 자기 식판에 음식을 뜨거나 컵에 물 따르기

★ 음식 종류에 따라 포크와 나이프를 사용하거나 젓가락질하기

★ 먼지 떨기
★ 빗자루나 소형 청소기를 사용해 청소하기
★ 창문 닦기
★ 작은 거울 닦기
★ 일상생활 속의 물건 이름 나열하기
★ 집 안에 있는 화분에 물을 주고 돌보고 먼지 닦기
★ 물뿌리개 비우기 및 채우기
★ 빨래 널기
★ 세탁기에 빨래 넣기
★ 가구 옮기기
★ 자기가 사용하는 의자나 소파 옮기기
★ 의자 끄는 소리가 나지 않게 최대한 조용히 앉기. 놀이처럼 해본다.
★ 나사 풀고 조이기
★ 빨래집게 사용하기
★ 작은 빨랫감 개기
★ 설거지하기

실외환경 돌보기

- ★ 낙엽을 갈퀴로 쓸어 모으기
- ★ 씨앗 뿌리기
- ★ 자연 관찰하기
- ★ 식물에 물 주기
- ★ 동물에게 먹이를 주고 돌보기
- ★ 동물 관찰하기

일상생활 속 활동에 관한 일화

이자벨 스쇼(Isabelle Sechaud), 리옹 마리아몬테소리고등연구소 (ISMM Lyon) 소장

어린아이에게는 환경 속에서 활동하고 함께 어울리고 싶은 욕구가 있습니다. 아이가 무엇인가를 할 수 있고 자기의 힘과 자립심을 활용할 수 있다는 사실을 알아야 합니다. 아이는 주변 사람들이 자신을 협력할 수 있는 사람으로 여겨주기를 원합니다. 다시 말해 아이는 자신을 돌봐주는 어른과 함께 자신의 신체 능력을 검증하고 싶어 하며, 커다란 노력이 필요한 활동에 참여하고자 하는 욕구가 있습니다. 그리고 사람들에게 자신의 능력을 인정받기를 원하지요. 자존감과 자신감은 적절한 지지를 받으며 자기를 위해 스스로 행동할 수 있다는 믿음에서 비롯됩니다.

이러한 아이의 욕구를 구체적으로 충족시켜주기 위해서 아이에게 알맞고 본인이 원할 때마다 반복해서 할 수 있는 일상생활 속 활동을 제안해주어야 합니다. 예를 들어 몬테소리 어린이집이나 유치원에서는 아이가 '손 씻기' 활동을 할 수 있도록 손 씻는 간단한 도구가 담긴 쟁반을 놓아둡니다. 아이의 관심을 끌고 발달 욕구에 맞기 때문에 아이는 즐겁게 손 씻기 활동을 합니다.

어떤 점이 아이의 관심을 끄는 것일까요? 물을 대야에 옮겨 담는 것일까요? 물장난을 치는 것일까요? 아니면 비누가 재미있을까요? 그게 무엇인지는 중요하지 않습니다. 중요한 점은 손 씻기 자체가 목표가 있고 반복되는 활동, 움직임을 훈련하고 점점 숙달시키는 활동, 자신의 능력을 증명하고 스스로 하는 즐거움을 느낄 수 있는 활동이라는 사실입니다. 물론 용변을 보고 난 뒤나 밥 먹기 전에도 손을 씻습니다. 하지만 그 목표는 다릅니다. 이 경우에는 위생이 활동의 목표겠지요. 아무런 맥락 없는 상황에서

손 씻기 연습을 했기 때문에, 이제 더 능숙하게 손을 씻을 수 있게 됩니다.

아이에게 적절한 실제 사물을 제시하며 일상생활과 문화생활 속 실제 활동에 참여할 기회를 주세요. 간식으로 먹을 과일 손질하기, 식탁 차리기, 화분에 물 주기, 빵 썰기 등 단순한 집안일을 가능한 한 아이가 할 수 있게 하는 것이 좋습니다. 이를 위해 어른의 활동에서 아이의 욕구로 점점 관심과 집중을 옮길 필요가 있습니다. 왜냐하면 아이는 여러 가지 활동을 통해 자기 자신을 표현하기 때문입니다(실생활 속 활동, 그리기, 색칠하기, 만들기, 놀이 등).

이건 꼭 명심하세요!

집에서 실천할 수 있는 몬테소리 교육법

1. 태도

아이와 함께 있을 때 우리가 어떻게 하느냐가 가장 중요하다는 사실을 알아야 합니다. 아이를 관찰하고, 아이와 함께하고, 알려주고 싶은 것이 있다면 구체적인 예를 들어 보여주어어 합니다. 아이에게 평화로운 세상을 물려주기 위해서는 우리와 아이가 맺는 관계의 질을 항상 세심하게 신경 써야 합니다.

2. 준비된 환경

아이의 경향과 욕구에 맞는 단순하고 평화로운 환경을 준비해야 합니다. 준비된 환경이란 아이의 발달에 따라 아이를 가장 잘 도울 수 있도록 물질적·심리적으로 잘 마련된 환경을 말합니다.

3. 활동

아이의 자연적인 발달과 성장에 맞춰 다양한 사물, 장난감 활동 등을 제시해야 합니다. 특히 갓난아이의 정신적인 삶을 잘 보살피기 위해 아래 항목을 마음속에 새겨두세요.

★ 아이를 보호하고 돌봐준다.

★ 거름망 역할을 해야 한다(소리, 빛, 온도 등).

★ '애착 ➜ 안정감 ➜ 신뢰 ➜ 일관성'으로 이어지는 관계를 새롭게 형성해야 한다.

★ 자극이 너무 많거나 적지 않도록 균형을 맞춰준다.

★ 아이의 집중력은 존중해야 할 대상으로 여겨야 한다.

★ 지나치게 돕지 않으면서 아이를 도와준다.

★ 아이를 관찰하고 아이의 본능을 존중하며 함께한다.

★ 아이의 처지에서 생각한다.

★ 말로 표현해주어야 한다.

★ 아이가 자유롭게 움직일 수 있게 하고 협응력을 키워준다.

★ 아이가 자유롭게 활동을 선택할 수 있게 도와준다.

★ 민감기와 발달단계를 이해한다.

★ 아이의 참여를 유도하고 아이와 협동한다.

★ 아이를 믿고 신뢰감을 준다.

★ 무조건 사랑한다.

★ 기쁨과 평화를 아이에게 물려준다.

"몬테소리 교실은 아이의 자유로운 신체 활동 증진,
협응력 발달 및 언어 발달을 위해
필요한 모든 것을 갖추고 있습니다.
또 다른 핵심 요소는 바로 아이가 자유롭게 활동을
선택한다는 점입니다."

5

교육기관에서 하는 몬테소리 교육

몬테소리 교육법은 만 3세 이하의 아이들을 돌보는 어린이집이나 유치원에서 적용할 수 있습니다. 이미 전 세계의 수많은 몬테소리 기관에서 아이의 나이에 따라 몬테소리 교실을 나누어 운영하고 있습니다. 생후 3개월부터 18개월까지의 아이를 위해 고안된 '니도'와 생후 18개월부터 만 3세까지 잘 걸을 수 있는 아이를 위한 '영유아공동체'로 나누어져 있습니다.

몬테소리 교실은 관계의 질, 질서, 교실 내 영역 정리를 중요하게 생각합니다. 이에 몬테소리 교실은 놀이 영역, 기저귀를 갈 수 있는 위생 영역, 식사 영역, 휴식(낮잠) 영역, 신체 활동 영역, 다 같이 모일 수 있는 공간, 독서를 위한 편안한 공간 등 기능에 따라 여러 공간이 체계적으로 구조화되어 있습니다. 시설이 영역별로 나뉘어 있어서 아이들은 공간을 잘 구분할 수 있을 뿐만 아니라 시간적인 측면에서도 일과를 잘 따를 수 있게 됩니다.

몬테소리 교실은 아이의 자유로운 신체 활동 증진, 협응력 발달 및 언어 발달을 위해 필요한 모든 것을 갖추고 있습니다. 또 다른 핵심 요소는 바로 아이가 자유롭게 활동을 선택한다는 점입니다. 모든 아동이 호기심과 내적 충동을 자기만의 학습방식으로 충족합니다.

몬테소리 교사들은 아이의 자유학습을 돕기 위해 유연한 태도로 아이들을 세심하게 보살핍니다. 교사는 아이를 탐험가로 여기며, 아이의 탐색 방식을 존중하고 탐색 활동을 촉진합니다. 따라서 활동 지도는 최소한으로 합니다.

생후 18개월부터 만 3세까지의 아동을 대상으로 하는 몬테소리 교실에서는 일상생활과 관련된 작업을 상당히 많이 접할 수 있게 합니다. 아이들은 간식 준비, 주변 환경 돌보기, 식탁 차리기 등 구체적이고 실용적인 활동에 참여합니다. 아이들과 교사는 하나의 공동체를 구성합니다. 아이들은 시간이 지날수록 공동체 구성원 한 사람 한 사람의 필요를 인식하고 이해하게 됩니다. 왜냐하면 자신이 원하는 것들이 다른 사람들에 의해 충족되고 있다는 느낌을 받기 때문입니다. 공동체에서도 아동 한 명 한 명의 욕구와 능력에 맞춰 개별적으로 도움을 주는 것이 충분히 가능합니다.

프랑스에는 아직 이러한 몬테소리 기관이 적지만 점점 증가하고 있습니다. 아직은 니도보다는 영유아공동체가 더 많지만, 최근 가정 어린이집(보육교사가 자기 집에서 돌보는 시스템으로 최대 네 명까지 맡아 보육함)과 소규모 어린이집에서도 몬테소리 교육법에 대한 많은 관심을 보입니다. 주로 어린이집, 탁아소와 같은 영유아 공동 보육 시설에서 몬테소리 교실에 대해 큰 관심을 보입니다. 일부 공립 혹은 시립 어린이집과 유치원에서도 원장이나 열정적인 교사들이 몬테소리 교육법 도입을 적극적으로 주장하고 있습니다.

몬테소리 어린이집이든 아니든 일단 보육 기관에 아이가 입소하면 처음 적응 기간 동안 세심한 관찰이 필요합니다. 분리는 아이가 인생을 살아가며 거쳐갈 단계이기도 합니다. 적응 기간에 분리가 잘 이루어질수록 아이는 어린이집에서 더 잘 지낼 수 있습니다.

첫 분리 경험이 앞으로 아이가 살면서 겪게 될 분리 경험의 분위기를 결정짓기 때문에 어린이집 적응 기간은 매우 중요합니다. 아이와 부모 모두 충분한 시간을 갖고, 아이의 행동을 잘 관찰하며 아이가 보이는 반응을 고려하여 점진적으로 분리를 하도록 해야 합니다. 단계를 나누어 진행하는 것도 좋은 방법입니다. 적응 기간 동안 아이는 새로운 동반자(선생님과 또래 친구)에 대한 신뢰를 쌓고 자신감도 형성합니다.

영유아공동체
경험담

오로르 뫼링(Aurore Moehring),
프랑스 뢰이유 말메종 EBMR학교
영유아공동체 영아 보육교사

몬테소리 교육법을 알게 된 후 얼마 지나지 않아 저는 제 교육적 가치를 재 발견하게 되었습니다. 아이들이 배움에 목말라 한다는 사실과 교구를 사 용할 수 있게 해주면 배움에 대한 갈증을 해소할 수 있다는 사실을 관찰 할 수 있었습니다.

영아를 위해 몬테소리 교육법에서 제안한 놀이 공간에 대해 처음에는 의 문을 가졌습니다. 아이에게 제안된 활동을 몬테소리 교실에서는 '작업'이 라고 부르는데, 왜 그렇게 부르는 것인지 의아했기 때문입니다. '작업'이라 는 단어가 아이가 하는 활동의 중요성을 승화한다는 사실을 지금은 잘 알 고 있지요. 보통 영아에게는 실제를 모방한 놀이나 장난감을 제시해야 한 다고 생각하지만, 사실 아이의 발달단계에 맞는 실제 사물을 조작하고 실 제 활동을 하는 것보다 재미있고 유익한 것은 없습니다.

저는 어른으로서의 불안, 예를 들면 과일이나 타르트를 썰기 위해 아이에 게 진짜 칼을 주어도 될지에 대한 걱정은 잠시 접어두어야 했습니다. 아이 가 스스로 할 수 있게 하려면 아이를 믿어야 한다는 사실을 배웠습니다. 물 론 아이가 사용하기에 적합한 칼을 주었지요.

저는 영아 교사로서 제가 그동안 배운 내용과 몬테소리 교육법을 연계했 습니다. 몬테소리 영유아공동체에서는 일과 중 모든 시간에 아이들이 직 접 활동하게 해서 자율적인 존재로 자라도록 했습니다. 예를 들어 식사시 간이 되면 아이들이 직접 식탁을 차리고, 다 먹고 난 뒤에는 식탁을 치우고 물을 따라 마시게 했습니다. 이 모든 것이 가능했던 이유는 그 누구도 아이가 할 일을 대신 해주지 않았기 때문입니다. 아이들 사이에 스스로 해야 한다는 분위기가 형성된 것이지요.

얼마 지나지 않아 저는 몬테소리 기관에서 아이를 돌보는 인력이 얼마나 되는지 알아보았습니다. 처음에는 아이 개인에 맞는 질 좋은 보육을 하기에는 교사 수가 부족하다고 생각했습니다. 하지만 아이들을 관찰하고 난 뒤, 아이 주변에 교사가 너무 많으면 아이의 자율성을 키우는 데 방해가 된다는 사실을 금방 깨닫게 되었습니다. 사실 아이의 욕구를 충족시킬 수 있는 교구들을 아이 키에 맞춰 교실에 적절하게 배치해서 아이들이 자율적으로 활동할 수 있는 환경을 마련하면, 교사에게 도움을 요청하는 상황이 줄어듭니다. 그리고 저는 영유아공동체에서 아동 관찰에 대한 전문적인 식견을 넓힐 수 있었다고 생각합니다. 민감기, 인간의 경향성 등 몬테소리가 제안한 여러 가지 개념을 바탕으로 영유아공동체 안에서 아이들을 관찰하는 법을 배웠습니다.

몬테소리 교육법에서 느낀 진정한 아동 존중 ------------

영유아공동체에서는 모든 아이를 유일한 개인으로 여기며 아이들의 욕구를 개별적으로 고려합니다. 영유아공동체에 다니는 아이들은 생후 18개월부터 만 3세까지인데, 이 시기의 아이들은 자기 자신에게 집중합니다. 하지만 아이 한 명 한 명에게 각자의 자리를 주고 교사가 모든 아이를 존중하기 때문에 아이들이 금방 다른 또래 친구를 인식하고 친구들에게 친절하게 대하는 모습을 관찰할 수 있습니다.

적응 기간과 분리에 관한 경험담

리디 르스트르 아비야드(Lydie Lecetre-Abbyad), 프랑스 무앙 사르투의 푸스베르 학교 영유아공동체의 AMI 몬테소리 교사

정신적인 측면에서 볼 때, 적응은 생물이 새로운 환경에 점차 맞추어가는 기간을 의미합니다. 적응에 걸리는 시간과 그동안 아이가 겪는 어려움의 정도는 개인마다 다 다릅니다. 적응 기간이 아이에게 트라우마가 되지 않도록 아이에게 충분히 공감해주어야 합니다. 아이가 느끼는 감정을 이해하기 위해 노력하고, 아이의 안정 욕구를 적절하게 충족해주어야 합니다.

적응 기간의 두 단계

1. 신체 분리

- 부모와 거리를 두고 떨어지기
- 새로운 환경 탐색(새로운 공간, 새로운 사람, 새로운 물건 등)

2. 가족 없이 지내기

- 버려지는 것에 관한 두려움(불안을 느낄 수도 있다)
- 분리 상황을 받아들이기
- 새로운 애착 형성(교사와 같은 반 친구)
- 자신이 당사자가 되어 새로운 상호작용하기

위와 같이 두 단계를 거친 적응 기간이 지나도, 아이가 부모와 떨어지는 것을 힘들어하는 날이 간혹 있습니다. 이때는 아이를 세심하게 보살펴야 하고, 적응 기간에 빠지기 쉬운 함정에 빠지지 않도록 주의해야 합니다. 아이에 대한 이해를 바탕으로 적절한 도움을 주고 아이가 진짜로 원하는 것을 충족시켜주세요. 조력자로서 자기가 수행해야 할 '임무'가 얼마나 중요한

지, 그리고 자신의 태도가 적응 기간과 분리 도움에 미치는 영향에 대해 잘 아는 부모는 적응 기간 동안 불편함을 느끼기도 합니다.

우리 아이의 기관 적응을 도울 수 있는 좋은 팁 ------------

평온하고 차분한 태도를 유지하세요. 아이에게 자신감 있는 모습을 보여주고, 우리도 어른답게 분리를 받아들여야 합니다. 제가 지켜본 바로는 분리할 준비가 되어 있지 않은 쪽은 항상 부모였습니다. 분리를 잘 견뎌낼 준비가 되어 있다면 부모는 더 좋은 조력자가 될 수 있습니다.

아이가 지금 있는 곳에서 잘 지낼 것이라 믿는 부모만이 아이의 새로운 생활 공간이 지닌 가치를 제대로 알아볼 수 있습니다. 어린이집에서 할 일을 미리 얘기해서 아이가 마음의 준비를 할 수 있도록 도와주세요. 예를 들어 "오늘은 어린이집에서 비눗방울 놀이를 할 거야" 같은 이야기를 말이지요.

차분한 분위기를 유지하세요. 걸음을 늦추고 목소리를 낮춰 말하세요.

아이 옆에 앉아서 너무 서두르지 말고, 아이가 교실에 들어갈 준비를 스스로 할 수 있게 유도하며 도와주세요. 외투와 신발 정리, 슬리퍼로 갈아신기 등이 있습니다.

아이를 격려하고 안심시켜주세요. 아이에게 지금 겪는 상황에 대해 이해하기 쉬운 말로 설명해주세요. "네 마음을 충분히 이해한단다. 엄마, 아빠가 끝날 때 데리러 올게" 같은 말로 이야기해주세요.

적응 기간의 구체적인 진행 과정(예시) ------------------

적응 기간은 며칠에서 길게는 몇 주까지 걸리며 아이에 따라 다릅니다. 처음에는 8시 30분부터 11시 30분까지 오전 일과를 보냅니다. 아이가 기관에서 보내는 시간은 아이의 적응 속도와 필요에 따라 점차 늘어납니다. 오전 일과시간을 잘 지내면 식사로 넘어갑니다. 식사는 아이가 오전에 교실에서 수행한 일상생활과 관련된 작업을 통해 습득한 기술과 능력을 활용할 수 있는 시간입니다.

아이가 식사를 잘하고 나면 낮잠 단계로 넘어가서 기관에서 보내는 시간을 늘립니다. 이후에는 오후 '작업' 시간을 보낸 후 오후 4시까지 기관에 마련된 정원이나 놀이터에서 실외활동을 합니다.

적응 기간 동안 부모는 분리를 위해 마련된 공간에서 아이를 기다립니다. 아이가 개인 물품, 슬리퍼 등을 정리하기 위해 특별히 마련된 공간입니다. 이 공간은 부모와 막 떨어진 아이의 사생활을 지키고 교실에서 이미 활동하고 있는 아이들을 방해하지 않기 위해 부분적으로 막혀 있습니다.

저는 학부모에게 그곳에 머무르되 아이의 요구에는 반응할 수 없도록 학부모가 해야 할 활동을 제시합니다. 아이는 부모의 존재로 마음의 안정을 얻고 자기가 할 일을 합니다. 독서는 아빠가 바쁘다는 모습을 보여주기에 가장 좋은 방법의 하나로, 아이의 눈에는 책을 읽는 것이 핸드폰을 들여다보고 있는 것보다 더 재미있는 활동으로 보입니다. 아이는 엄마나 아빠가 바빠 보이면 교실에서 제시된 활동에 훨씬 쉽게 관심을 돌립니다.

어떤 아이는 금방 '작업'에 참여해 활동을 반복하기도 하지만, 오전 내내 부모가 있는 공간과 활동 영역 사이를 왔다 갔다 하는 아이도 있고, 부모에게서 떨어지는 것을 매우 힘겨워하는 아이도 있습니다. 아이가 어떤 태도를 보이느냐에 따라, 아이가 부모에게서 떨어져서 자기가 하는 활동에 전념할 수 있을 때까지 다양한 전략을 적용합니다. 부모는 든든하고 침착한 모습으로 아이를 기다립니다.

이런 '함정'은 피하세요! ---------------------------------

★ 교실에 들어가기 전에 정원이나 놀이터에 들르지 않는다.

★ 아이가 얌전하게 있고 일과를 잘 보내면 보상을 준다고 약속하지 않는다(저는 보상을 얻기 위해 엄마나 아빠가 꼭 함께 있을 필요는 없다는 사실을 아이에게 알려줍니다. 아이는 활동을 통해 스스로 보상을 얻을 수 있기 때문입니다).

★ 공갈 젖꼭지를 물린 채로 교실에 들어가거나 부모가 교실을 떠날 때 아이에게 공갈 젖꼭지를 물려주지 않는다.

★ 아이를 두고 교실을 떠나기 전, 아이와 너무 오랫동안 대화를 나누지 않는다.

★ 교실에 들어가기 전에 아이와의 갈등 상황은 피한다. 예를 들어 아이가 거짓으로 떼를 쓴다면 이때는 아이의 기분을 맞춰주고 관심 욕구를 충족시켜주는 것이 더 좋다.

인내심과 융통성은 매우 중요합니다. 시간은 부모가 아이에게 줄 수 있는 가장 아름다운 선물입니다. 아이의 욕구를 충분히 충족시키며 행복한 적응 기간을 보내고 나면, 아이는 자연스럽게 새로운 환경에 적응할 것입니다.

"우리에게는 내일의 희망인 어린이에 대한 의무가 있다.
어쩌면 지금 우리와 함께 있는 아이가 위대한 지도자나
천재일 수도 있고, 지금 그 아이가 가진 능력으로부터
천재적인 능력이 나올 수도 있다.
우리는 이런 시각을 가져야 한다."

책을 마치며

아이가 태어나서 만 3세가 될 때까지 많은 일이 일어납니다. 아이는 인격의 기초를 형성합니다. 우리의 눈에 이 시기의 아이는 도무지 이해할 수 없는 수수께끼처럼 보입니다. 모든 아이는 스스로 학습하는 잠재력이 있습니다. 태어날 때부터 이러한 잠재력을 지켜주고 격려하면, 아이는 잠재력을 발휘할 수 있습니다.

아이를 가르치는 교육자는 사려 깊어야 하고 평온해야 하며 명랑해야 합니다. 차분한 마음가짐과 민첩성을 키워야 합니다. 언제나 하나의 교육법을 적용하는 데 집착하지 않고, 최선을 다해야 합니다. 그리고 아이가 사랑, 자유, 자아 존중, 타아 존중을 실현하는 환경 속에서 특히 인간 본성을 따라 작용하도록 내버려두어야 합니다.

우리에게는 관찰과 성찰이라는 소중한 도구가 있습니다. 우리는 관찰과 성찰을 통해 모든 아이가 스스로 학습할 수 있고 스스로 돕는 사람으로 자랄 수 있게 도울 수 있습니다.

성 아우구스티누스는 "너 자신이 되어라"라고 말했습니다. 아이가 자기 자신이 되기 위해 향하는 길목에서 우리는 아이의 자발적인 발달을 방해하는 걸림돌이 되어서는 안 됩니다. 왜냐하면 아이의 생명력은 너무 자주 방해를 받으면 탈선하고 문제를 일으킬 수 있기 때문입니다.

지나치게 돕지 않으며 돕는 것, 지나치게 아이에게 붙어 있지 않되 아이가 우리를 원할 때 곁에 있어주는 것이야말로 이제 막 세상에 나온 아이가 원하는 선물입니다. 이것은 아이에게 발이 묶여 아무것도 하지 못하는 부모가 되라는 이야기가 아닙니다. 그렇지만 아이의 절대적인 필요는 반드시 충족해주어야 한다는 것을 뜻합니다.

우리가 이 작은 생명에게 더 많은 시간을 쏟을수록, 아이는 더 빨리 자율적이고 독립적인 존재가 됩니다. 우리가 어떤 태도와 마음가짐으로 아이를 대하느냐에 따라 아이가 자기 자신과 삶에 대해 느끼는 신뢰감이 달라집니다.

교육자로서의 우리의 역할은 아이와 협력하는 것입니다. 아이가 다른 사람에게 순응하려면 그 전에 먼저 자기 의지를 인식하는 능력을 발휘해야 한다는 점을 잊지 마세요. 이것이 바로 평화교육의 핵심 열쇠입니다.

평화교육은 아이가 만 3세가 되기 전부터 시작됩니다. 그러니 아이 한 명 한 명만 보는 데 그치지 않고 인류 전체를 생각하고 장기적으로 우리의 힘과 시간을 쏟아야 하며 평화라는 우선원칙을 위해 우리의 자만심을 버려야 합니다. 우리 눈앞의 아이들이 더 나은 인류를 위한 희망이라는 사실을 잊지 마세요. 오늘의 아이가 내일의 어른을 만드니까요.

우리에게는 엄청난 모성본능과 부성본능이 있습니다. 그러니까 우리 자신을 믿고 우리의 아이를 믿는 것만으로도 충분합니다. 세상 속에서 살아가는 지혜를 우리 아이들에게 물려줍시다.

우리를 닮은 이 아이가 태어난 게 엊그제 같은데, 어느덧 세 돌이 되었습니다. 아이는 말을 하고, 자율적으로 행동하고, 협력하고, 배우는 것을 좋아합니다. 그래서 더 큰 환경의 문화를 흡수할 준비가 되었습니다. 아이는 우리를 감탄하게 합니다. 아이가 이만큼 자랄 때까지 우리가 겪어온 일들과 감정들이 담긴 추억을 꺼내 보면 커다란 기쁨을 느낍니다.

지금까지는 시작에 불과합니다. 우리는 아이와 함께하는 매 순간을 누리고 있지만, 아이의 내일이 기대되고 기다려집니다.

"미래 세대는 우리가 그들에게 가르친 것을 어떻게 해야 하는지 알고 있을 뿐만 아니라, 그보다 더 많은 것을 할 수 있다.

(…) 우리에게는 내일의 희망인 어린이에 대한 의무가 있다. 어쩌면 지금 우리와 함께 있는 아이가 위대한 지도자나 천재일 수도 있고, 지금 그 아이가 가진 능력으로부터 천재적인 능력이 나올 수도 있다. 우리는 이런 시각을 가져야 한다. (…)

만 2세부터 3세까지는 인생에서 가장 중요한 시기다."

마리아 몬테소리,
『1946 런던 강연록』

부록

몬테소리 모빌 만들기

무나리 모빌

무나리 모빌은 질서를 추구하는 갓난아기의 본능과 수학적 감각을 끌어낸다.

오른쪽 그림은 무나리 모빌의 전체적인 모습이다. 인터넷에서 무나리 모빌을 만드는 튜토리얼을 참조하는 것도 좋고, 여러분이 원하는 대로 만들 수도 있다.

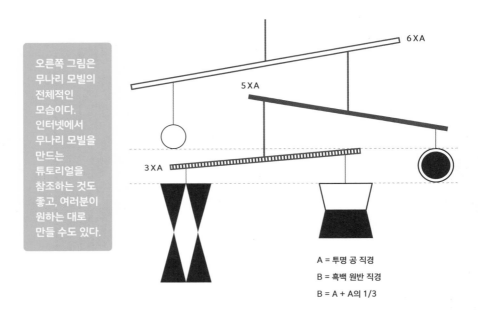

A = 투명 공 직경

B = 흑백 원반 직경

B = A + A의 1/3

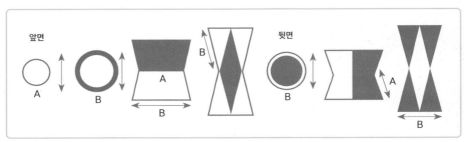

고비 모빌

공을 색칠하거나 실패에 무명실이나 털실, 이상적으로는 명주실을 둥그렇게 감아 만들 수 있다. 고비 모빌은 보통 다섯 개의 공으로 구성되지만, 일곱 개를 사용해 만들 수도 있다(막대 길이 약 28cm).

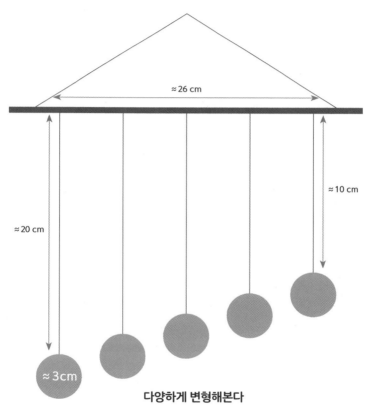

≈26 cm

≈10 cm

≈20 cm

≈3cm

다양하게 변형해본다

★ 가장 긴 줄에 가장 짙은 색의 공을 매달고, 줄이 짧아질수록 색깔이 연한 공을 배치할 수 있다.

★ 가장 진한 색의 공을 중앙에 매달고, 양 끝으로 갈수록 색이 점점 연해지도록 좌우 대칭을 이루게 공을 배치할 수 있다.

발레리나 모빌

반짝이는 종이나 빛을 반사하는 종이(금박지, 홀로그램 색종이, 반짝이 색종이 등)를 무용수 모양으로 잘라 만드는데, 이때 모빌의 크기는 약 14cm로 한다. 뒷면은 원색의 색종이를 붙여 양면으로 만들어도 좋다. 모빌이 바람에 자연스럽게 흔들릴 수 있도록 가볍게 만드는 것이 좋다. 막대 한 개 혹은 여러 개에 발레리나 모양으로 자른 종잇조각을 나일론 실로 매달면 된다.

팔면체 모빌

일반 종이보다는 두껍지만 가벼운 종이 세 장에 아래 도면을 본뜬 후 자른다. 빨강, 파랑, 노랑으로 칠하거나 두꺼운 색종이를 이용한다. 각 면의 모서리 크기가 4cm가 되게 아래 도면을 그대로 이용해서 세 개의 모빌을 만들 수도 있고, 모서리의 크기를 1cm씩 줄여서 각각의 모빌 크기를 다르게 만들 수도 있다. 팔면체를 완성한 뒤 막대에 매달아준다.

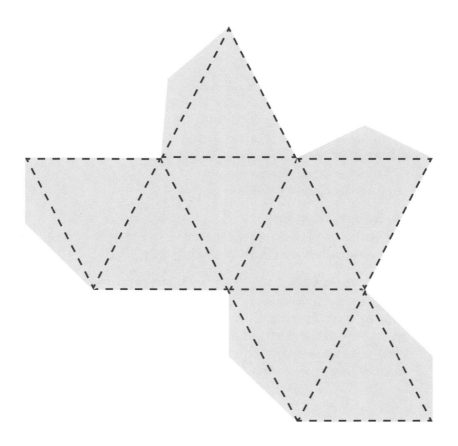

유용한 연락처

★ **국제몬테소리협회**(AMI, Association Montessori international)
Koninginneweg 161, 1075 CN Amsterdam, Netherlands
전화: +31 20 67 98 932
이메일: info@montessori-ami.org
http://www.montessori-ami.org

★ **프랑스몬테소리협회**(AMF, Association Montessori de France)
13, rue de la Grange Batèliere, 75009 Paris, France
전화: +33 6 67 74 53 99
이메일: amf@montessori-france.asso.fr
http://www.montessori-france.asso.fr

★ **마리아몬테소리고등연구소**(ISMM, Institut Supérieur Maria Montessori)
영유아(0~만 3세 / 만 3~6세) 몬테소리 교사를 위한 교육 및 양성 프로그램, 몬테소리
지원, 단기 연수 프로그램을 제공. 프랑스 파리와 리옹에 위치.
1-7, rue Jean-Monnet, 94130 Nogent sur Marne, France
전화: +33 1 48 72 95 20
이메일: contact@formation-montessori.fr
http://www.formation-montessori.fr

★ **기타 해외 몬테소리 관련 기관**
전 세계에 지역별 몬테소리 교사양성 센터가 50여 개소 이상 있으며, 자세한 정보는
http://www.montessori-ami.org의 'Training Centres' 탭을 참고.

★ **AMI 한국몬테소리연구소**
(AMI Korea Montessori Institute)
경기도 광명시 오리로 984번길 25, 2층 3층
전화: 02-2611-8920, 010-6312-2203
이메일: amileee@naver.com
http://www.ami-montessori.co.kr/

★ **AMI 몬테소리 전문교육원**
(AMI Montessori Center Korea)
경기도 용인시 기흥구 구갈동 259-1
용인기흥ICT밸리 SK V1 A동 508호
전화: 010-2788-4002
이메일: montessori-center@naver.com
https://www.ami-korea.net/

참고 문헌 —————

마리아 몬테소리의 저서

- *L'Enfant*, Desclée de Brouwer, 2006. (『어린이의 비밀』, 지식을 만드는 지식, 2014)
- *L'Esprit absorbant de l'enfant*, Desclée de Brouwer, 2003. (『흡수하는 정신』, 부글북스, 2018)
- *De l'enfant à l'adolescent*, Desclée de Brouwer, 2006. (『아이부터 청소년까지』, 국내 미출간)
- *Pédagogie scientifique, tome I : La Maison des enfants*, Desclée de Brouwer, 2004. (『과학적 교육학: 제1권 아이들의 집』, 국내 미출간)
- *Pédagogie scientifique, tome II : L'Autoéducation à l'école élémentaire*, Desclée de Brouwer, 2007. (『과학적 교육학: 제2권 초등학교에서의 자기 교육』, 국내 미출간)
- *L'Enfant dans la famille*, Desclée de Brouwer, 2007. (『가정에서의 유아들』, 다음 세대, 1998)
- *L'Éducation et la Paix*, Desclée de Brouwer, 2001. (『교육과 평화』, 국내 미출간)
- *Les Étapes de l'éducation*, Desclée de Brouwer, 2007. (『교육의 단계』, 국내 미출간)
- *Éducation pour un monde nouveau*, Desclée de Brouwer, 2010. (『새로운 세상을 위한 교육』, 부글북스, 2020)
- *Éduquer le potentiel humain*, Desclée de Brouwer, 2003. (『잠재력을 깨우는 교육』, 부글북스, 2020)
- *La Formation de l'homme*, Desclée de Brouwer, 2005. (『Maria Montessori의 어린이를 위한 인격 형성』, 창지사, 2001)
- *Psychogéométrie*, Desclée de Brouwer, 2013. (『심리 기하학』, 국내 미출간)
- *The 1946 London Lectures(AMI)*, Montessori-Pierson Publishing Company, 2012. (『1946년 런던 강연록(AMI)』, 국내 미출간)
- *Le Manuel pratique de la pédagogie Montessori*, 2016(1939). (『몬테소리 교육법 핸드북』, 국내 미출간)

기타 저서

- CHAPMAN Gary, CAMPBELL Ross, *The five love languages of children*, Moody Press, 1997. (『자녀의 5가지 사랑의 언어』, 생명의말씀사, 2013)
- DAVID Myriam, APPELL Geneviève, *Loczy ou le Maternage insolite*, Éditions du Scarabée, 1973. (『로치, 새로운 육아법』, 국내 미출간)
- DOLTO Françoise, *Tout est langage*, Gallimard, 2002. (『언어가 모든 것을 결정한다』, 국내 미출간)
- GORDON Thomas, *Parents effectiveness training*, Harmony, 2000. (『부모 역할 훈련』, 양철북, 2002)
- LEBOYER Frédérick, *Pour une naissance sans violence*, Le Seuil, coll. 《Points》, 2008. (『폭력없는 탄생』, 예영커뮤니케이션, 2012)
- LEMOINE Paul, *Transmettre l'amour: l'art de bien éduquer*, Nouvelle Cité 2007. (『사랑을 전하는 법: 잘 교육하는 기술』, 국내 미출간)
- LORANS Madeleine, *Guide des premiers pas*, Ouest-France 1986. (『첫걸음을 위한 안내』, 국내 미출간)
- MARTINO Bernard, *Le bébé est une personne: la fantastique histoire du nouveau-né*, Balland, 2004, et le film. (『아이는 인간이다: 신생아의 환상 이야기』, 국내 미출간)
- MONTANARO Silvana Quattrochi, *Understanding the Human Being*, Nienhuis, 1987. (『인간의 이해』, 헥사곤, 2020)
- PIKLER Emmi, SZANTO Agnès, *Se mouvoir en liberté dès le premier âge*, PUF, 1979. (『자유 놀이의 시작』, 행동하는 정신, 2014)
- POLK LILLARD Paula, *Pourquoi Montessori aujourd'hui?*, Desclée de Brouwer, 1984. (『몬테소리 교육에 대한 현대적 접근』, 학문사, 1994)
- SIZAIRE Anne, *Maria Montessori, l'éucation libéatrice*, Desclée de Brouwer, 1994. (『마리아 몬테소리, 자유로운 교육』, 국내 미출간)
- STANDING Edwin Martine, *Maria Montessori, sa vie, son œuvre*, Desclée de Brouwer, 1995. (『마리아 몬테소리의 인생과 업적』, 국내 미출간)

- STOLL LILLARD Angeline, *Montessori, the Science Behind the Genius*, Oxford, 2005. (『몬테소리, 천재로 키우는 과학적 비결』, 국내 미출간)
- SPINELLI Patricia, BENCHETRIT Karen, *Un autre regard sur l'enfant*, Desclée de Brouwer, 2010. (『어린이를 바라보는 새로운 시선』, 국내 미출간)
- THIRION Marie, CHALLAMEL Marie-Josèphe, *Le Sommeil, le Rêve et l'Enfant*, Albin Michel, 2011. (『잠, 꿈, 어린이』, 국내 미출간)
- THIRION Marie, *L'Allaitement: de la naissance au sevrage*, Albin Michel, 2004. (『모유수유: 출산부터 젖떼기까지』, 국내 미출간)
- TOULEMONDE Jeannette, *Le Quotidien avec mon enfant*, L'Instant présent, 2005. (『내 아이와 함께 보내는 일상』, 국내 미출간)
- VELDMAN Frans, *Haptonomie, science de l'affectivité*, Presses Universitaires de France, 2007. (『햅토노미, 정서의 과학』, 국내 미출간)

기타 자료

- 잡지 《*L'Enfant et la Vie*》
- 잡지 《*Grandir autrement*》
- 웹사이트(영어): http://aidtolife.org
- 국제햅토노미연구개발센터(CIRDH) 홈페이지: http://www.haptonomie.org/fr/
- 몬테소리 교육 관련 자료실: http://www.parent-chercheur.fr
  1969년 개관한 노르 나시타몬테소리센터(CNMN)에서 운영하는 웹사이트. 마리아 몬테소리의 정신을 실천하고자 하는 가정과 몬테소리 교실 운영을 위한 유용한 자료 및 새로운 교수법에 대한 강연과 저술 자료 다수 수록.
- 불로뉴비양쿠르 나시타센터: http://nascita-montessori.blogspot.fr
- 앙제 나시타센터: http://www.nascita-angers.fr
- 렌느 나시타센터: http://www.montessori-rennes.org/content/nascita
- 프랑스 남부 소피아 앙티폴리스 몬테소리 어린이집(니도): https://www.facebook.com/MAM-Le-Nido-des-Ptits-Colibris-1557183831206177/

몬테소리 기적의 육아 0-36개월

샤를로트 푸생 지음 | 이진희 옮김

1판 1쇄 펴낸날 2021년 11월 10일
1판 2쇄 찍은날 2024년 10월 18일
펴낸이 정종호 | 펴낸곳 (주)청어람미디어(청어람라이프)
편집 여혜영 | 마케팅 강유은
제작·관리 정수진 | 인쇄·제본 (주)성신미디어
등록 1998년 12월 8일 제22-1469호
주소 04045 서울특별시 마포구 양화로 56(서교동, 동양한강트레벨), 1122호
전화 02-3143-4006~8 | 팩스 02-3143-4003

ISBN 979-11-5871-188-7 14590
　　　979-11-5871-187-0 (세트)